林地残材を集める
しくみ

酒井秀夫／田内裕之／鈴木保志／北原文章
吉田智佳史／岩井俊晴／保木国泰
島根県雲南市産業振興部農林振興課
三宅 学／丹羽健司／岡山県農林水産部林政課
廣瀬可恵／岩澤勝巳／岩崎新二
北海道水産林務部林務局　共著

林業改良普及双書 No.181

まえがき

林地に残された丸太、用材・チップ等に利用されない部位（タンコロ、末木、枝条）など、利用されずに放置状態にある材。これを総称して林地残材とすれば、その利用が進むことは資源の有効利用になり、また林業の収益向上にもつながるはずです。ただ、技術面、採算面などの理由から利用されずに来たわけで、それらを解決する方策が全国的な課題となっています。最大の課題は、林地残材をどうやって集めるかです。林地残材を効率よく集め、量としてまとめることができれば、木質バイオマス燃料材としての利用が可能となります。

本書は林地残材の利用促進上大きな課題である「集める」部分に焦点を当て、その解決策をまとめたものです。具体的には、集荷の技術（集荷システムや機械開発を含め）と地域ぐるみで集荷する活動を支援するしくみの二つを本書のテーマとしました。

解説編では、林業のトータルとして林地残材利用を捉える視点から林地残材集荷システムの考え方を酒井秀夫先生（東京大学大学院教授）にまとめていただきました。

まえがき

事例編1では、林地残材の集荷システム、集荷作業に導入する機械開発、さらには集荷のコスト分析について、研究者、事業主体の方々にご執筆をいただきました。

事例編2では、林地残材を地域レベルで集荷し、木質バイオマス燃料などに利用する事業化の事例、とりわけ地域ぐるみの集荷活動を行政がどのように支援して効果を上げているかを実践例で紹介いただきました。また、全国的に広がりを見せている「木の駅」活動では林地残材を集めるしくみとしても注目されており、自治活動としての実際を丹羽健司さん（木の駅アドバイザー）にご執筆いただきました。

資料編では、林地残材利用（チップ化して）に関わってくる乾燥試験、さらには集荷システムモデルや小規模の搬出システムの結果をまとめていただきました。

林地残材を利用し、林業の収益性向上の実現に向け、本書を役立てていただければ幸いです。

本書の取りまとめに当たりましては、都道府県林業普及担当部局、関係機関にご協力をいただきました。本当にありがとうございました。

2016年2月　全国林業改良普及協会

目次

解説編

林地残材集荷システムの考え方を整理する　13

東京大学大学院教授　**酒井秀夫**

事例編2　林地残材の集荷支援

目次

資料編

森林に残された資源「木質バイオマス」の搬出方法
―小規模森林で利用可能な簡易な搬出方法の紹介―　136

千葉県農林総合研究センター森林研究所
廣瀬可恵・岩澤勝巳

効率的な林地残材集荷システムモデルの提案　171

北海道水産林務部林務局

林地残材（林地未利用材）の集荷作業システムの提案　173

基本システム　173

現地チップ化システムの作業モデル・実証例と効率化のポイント　177

工場チップ化システムの作業モデル・実証例と効率化のポイント　183

解説編

林地残材集荷システムの考え方を整理する

東京大学大学院教授
酒井 秀夫

林地残材は林業のトータルで考える

Q　まず林地残材集荷の意義について整理していただけますか。

酒井　最初に林地残材の定義が必要です。普通、林地残材というと、伐採跡地の林地に散在している枝、先端材をイメージすると思います。もう少し広く解釈すれば、林道端とか、土場の脇に捨てられている残材までとなると、そこはもう林地ではないので、そうしたものまで含めると、低位の利用材という表現のほうがより正確になると思います。こうしたものを含めて、ここでは林地残材として話を進めていきます。

まず、林地残材は人によってはゴミ、需要のある人には資源という性格を持っている。その線引きはバイオマスなどの需要があるかないかだと言えます。では、林地残材の集材についての考え方を整理してみますと、枝葉が付いたまま全木集材して、林地残材を作らないということが基本になります。

ところが、スウェーデンのようにハーベスタ＋フォワーダのような短尺材集材システムが普及しているところでは、ハーベスタにより枝・先端材（枝条残材）が林地に捨てられています。

それを集めるか集めないかの判断は、そのコストとバイオマス工場での買取価格との関係によります。これはコストとの兼ね合いなので、赤字になればやらないということです。スウェーデンの林業は、非常に高能率の作業システムと謳われていますが、林地残材の集材という視点ではマイナス面もあるので、そのことを含めてトータルに林業を考えていかなければいけないということです。

つまり、もう1つの判断軸として、造林にかかる費用までを含めるべきです。例えば皆伐時にバイオマス用に全木集材で枝条残材を集めておけば地拵えの負担がかかりません。

以上を踏まえて林地残材を集める意義を整理すると、森林資源の有効利用、歩留まりの向上と売上高の増加であると言えます。さらに言えば、地拵え費用の低減という視点も含め、トータルに考えなければいけないということです。単にエネルギー利用だけではなくて、地拵えまで考えなければいけない。バイオマスを売ったお金で造林費用を賄おうという一石二鳥の発想もあり得るわけです。大事なことは林業とは、伐採から植林までトータルに見ることです。

林地残材の作業システム

Q　バイオマス利用に対して従来の集荷との違いとは？

酒井　バイオマスとして利用する場合、まず乾燥させなければいけません。生材で持ち出しても良いのですが、ストックする場所の確保の観点からみても、伐採後しばらくは伐採現場のある程度広い面積を使って乾燥させて集材することが望ましいでしょう。その場合、コンテナ苗の出荷・植栽の時期と上手く連動させなければいけません。これからは、地域林業の年間計画をもう一度見直す必要があるということです。さらに、それに合わせた年間の雇用計画が不可欠になりますね。

Q　林地残材の作業システムについて整理していただけますか？

酒井　前述のとおり、散在する林地残材を集めるのではなく、全木集材をして林道端や土場で造材作業をすることがポイントになります。従来であれば全木材が来るとプロセッサで枝を払って、造材してA材、B材、C材に仕分けして製品ごとに原木市場、合板工場などに運んでいたと思います。そこに新たにバイオマス需要が出てきたわけですから、従来システムから発想の転換が必要になります。

例えば、元玉の伐倒・造材部分はチェーンソーで対応する。プロセッサも先端部まで枝を払わないようにする。つまり合板工場行きの2m材を採ったら先の枝は払わないで、その先端材をバイオマス材としてとっておき、その場で乾燥させておく。その先端材はチッパーに掛けてチップとして運搬する。

状況によってはプロセッサも必要ないかもしれません。例えば玉切り用のフェラーバンチャ付きのザウルスロボまたはグラップルソーとチッパーの組み合わせということであれば、作業システムとして機械の台数が少なくて済みます。

林地残材の乾燥から地域の雇用計画まで

酒井　その次の過程として、やはり乾燥をどうするかということです。一度チップにしてしまったら乾燥は大変です。バイオマス発電所の廃熱でチップを乾燥させようという方法もありますが、世界を見回してみても、やはり枝の付いた状態で天然乾燥をして、それからチッピングするという方法が主流です。その乾燥についてはもう少し考えたほうが良いかもしれません。

問題は、そのチッピングを誰がするのかということです。要するにその残材をチップ業者に売って、チップ業者がチップにするのか。あるいは残材を森林所有者がチッピングして所有者自身がチップ業者に売るのか。

Q　林地残材の乾燥からその後の植林までトータルな計画が必要ですね。

酒井　理想を言えば8～9月ぐらいに伐倒して2～3カ月乾燥させる。稲刈りが終わって農村の余剰労働力が出てくるので、そこで素材生産業者が集材して農家の人が植付けに入ると。その秋植えに合わせてコンテナ苗の生産をするのが1つ。しかしシカがいる地域では冬場の苗木の食害の心配はあります。その場合、9月から12月まで伐採して春先まで乾燥させ、春植えすることになります。

いずれにしても地域の素材生産業者から苗木業者まで全部連動してシステマチックに動いていく必要があります。そのためには地域での雇用計画も立てる必要があります。

工程数を少なく、無駄なエネルギーを使わない

Q　理想的な作業システムとしてはどんな感じでしょうか？

酒井　タワーヤーダ、プロセッサ、チッパー、それからトラックがあれば良いかと思います。ポイントは、まず無駄なエネルギーは使わない。つまり無駄な輸送はしない、あるいは乾燥に化石燃料を使わないで自然エネルギーをフルに活かすことです。そして搬出の工程数を極力少なくすることですね。

Q　これまで林業機械の3点セットなど、機械化を進めてきた現場が多いと思いますが、その場合のベターなやり方とは？

酒井　3点セットならば、スイングヤーダで全木集材をして、プロセッサで枝を払わないけれども玉切り、椪積みに使うと。フォワーダは丸太だけ運んで残材は運ばない。そこに移動式チッパーがやってくるということになります。その場合、フォワーダはあまり重要ではなくなります。スイングヤーダで搬出して、グラップルローダで全木材を地引する。グラップルローダの能力からすると酷なのですが、短距離で100mぐらい地引して、例えば大きなカーブを広場にして、そこにその材を積み上げておく。そこを土場にしてトラックがそこで積載して運搬するのもありかと思います。

例えば4tダンプが入れれば、道端に全木集材された材を玉切って丸太で持って行く。残材についてはチッパーを持ってきてチップにして持って行く。これは現場現場の状況を見て考えれば良いことです。

地域にチップビジネスを興す発想

Q　今後はチッパーの普及が必要だということでしょうか?

酒井　はい。私はレンタルも良いかと思います。チッパーというものは、あちこちの現場に移動しなければいけないので機動性が求められます。あるいは専門のチップ業者が新しいビジネスとして起業する場合は購入もありかと思います。森林組合が補助金をもらってチッパーを買って年間10~20日しか動かないというのでは意味がありません。一番良いのはチップビジネスを興すという発想だと思います。

Q　チップビジネスというのは、地域の中にチップ業者が機械を所有して、いろいろな現場を回るということでしょうか?

酒井　トラック搭載のチッパーで、自分の地域もやるし、出稼ぎもするということです。

Q　逆に林業事業体を興すにも、そういう役割を担うところを狙って興していけば地域にフィットして、地域全体の底上げになっていくということになるわけですね。

酒井　バイオマス発電所の年間必要チップ量が全国で６００万ｔと言われていますが、そのチッピングを考えたらチップビジネスでの雇用があっても良いわけです。

Q　チップビジネスまで見通した地域林業システムのイメージを教えてください。

酒井　まず地域内の事業体でチームを組む発想が無理がないかと思います。地域の伐採チームと造林チームです。伐採チームが造林チームを持っても良いし、造林業者と連携しても良いでしょう。例えば作業システムとしては、まずは伐倒班がいて、伐倒して、乾燥させておく。次にタワーヤーダの架線を張って、全木集材をして、玉切り造材をして持って行く。それからチップ業者がチッパーを持って現場に来るという感じです。

ただ、林内乾燥ができない場合は、従来どおり、伐倒してすぐ搬出して造材して運搬して行くのですが、その時は土場に残材をためておく場所を作っておいて、３カ月から半年乾燥させておく。そこにチップ業者が来るというシステムですね。

中間土場にストックできて作業ができるところがあれば良いわけです。10ｔ車前提になると林業専用道になりますが、林業専用道は幅員３ｍに作業余裕幅として50㎝あります。この50㎝沿いにずっとバイオマス材を道路に平行に積んでおけば、それを片っ端からチッパーがチップにしていけば良いわけです。

チップビジネス創出のための支援の考え方

Q　そうしたチップビジネスを興す支援制度も必要と言うことでしょうか？

酒井　チップ業者を立ち上げる時に、当面の運転資金等を支援するような制度があると良いですね。補助金より融資。例えばチッパーのレンタル代の融資などですね。チッパーを借りて発電所にチップを持って行って、チッパー代を払うというのも1つのアイデアです。これからはチップ業者を地域に育成する必要があるので、まずはそれに対する融資という、独り立ちができる方向で考えるべきです。

Q　地域にチップ業者を育てて、伐倒チーム、造林チームと一体になってチップチームを回していく場合、旗振り役はどこが担うべきですか。

酒井　やはりやる気のある経営者的な感覚のある方が良いと思います。そういった方を中心に、伐採と乾燥と植林、それから雇用計画、そして年間計画を作らなければいけない。大事なのは地元に金銭収入が落ちるシステムです。

Q　行政はどのような関わり方が望ましいですか？

酒井　地域の協議会のとりまとめ役です。バイオマス工場にアプローチしやすいのは行政です。バイオマス工場と伐採業者とチップ業者の連携を取り結ぶことでチップ業者を地域に育てるためのシステムづくり。さらには融資という金融サポートですね。

それから行政はガイドラインを作成する役目があると思います。要するに伐採のガイドラインとか、環境への影響だとか、リスクマネジメントなどです。そのマネジメントの枠組みを行政がしっかり作らなければいけない。ですからバイオマス利用に林地残材を集めるのであれば、その更新計画であるとか、地力維持だとか、ゴミを残さないだとか。そういった伐採マネジメントを行政はしっかりサポートしなければいけないですね。

最後に、林業の状況は常に変化しています。大事なのは常に意識改革をして、新しい技術革新を取り込まないとやっていけないということです。ぜひ、皆さんそれぞれ創意工夫してチャレンジしてください。

（インタビュー・まとめ／編集部）

事例編 1

林地残材の集荷システム

林地残材収集運搬
―小規模化を可能にする土場設置方法―

Bスタイル PJ研究グループ
田内 裕之（森と里の研究所、元森林総合研究所）
鈴木 保志（高知大学）
北原 文章（森林総合研究所）

目的と背景

バイオマスエネルギーが脚光を浴びている中、日本では、木質系バイオマスがその中でも重要な資源として位置付けられています。その木質資源の中で、最も多いのが未利用樹木や伐採時に放棄される林地残材等です。木質エネルギー生産プラントが稼働されるようになり、資源として林地残材の需要が高まり、それがチップ材としての流通価格を凌ぐような状況になってきましたが、需要に対して供給が追いつかないという現実があります。そこには、需要側（プラントなど）の規模に見合った、供給体制ができていないという原因があり、大規模になるほど、広域かつ大きな組織体制の確立が必須とされています。

一方で、林地残材は、もともと捨てられていたもので、原価的にはほぼ０で、燃料革命（１９５０〈昭和25〉年代）以前には、地域家庭で燃料として消費されていました。それは、エネルギーの地産地消であって、そこには小規模なエネルギー流通システムがありました。私たちは、中山間地域の産業を再生・創出し、地域に人を呼び戻し、経済還流をおこす仕組み作りを行ってきました。その中で、農林家の収入源となる１つの手段として、林地残材の小規模収集・運搬法の確立を考え、いくつかの方法と比較をしながら、その収益性や事業性の可能性を検証し、小規模システムの有効性を検討してみました。

残材の収集運搬方法と収益性

林地残材は、通常は土場や林道脇に放置されているものです。それを収集・運搬（搬出）す

表1　高知県仁淀川町における林地残材の主な収集・運搬方法

工程／方法	方法１	方法２	方法３	方法４
積み込み	人力	小型グラップル	ユニック付き４ｔトラック	グラップル
運搬・荷降ろし	軽トラック	２ｔトラック	ユニック付き４ｔトラック	４ｔトラック

る方法は様々ありますが、私たちが調査地域とした高知県仁淀川町の作業実態から、４つの搬出方法に区分しました。収集（積み込み）方法と運搬方法とには、それらの規模に応じた組み合わせがあり、表１のように、２ｍ以下の短材を人力で軽トラックに載せ、運搬する小規模な方法（方法１）から、小型グラップルで２ｔトラックに積み込み運搬する方法（方法２）、ユニック付きの４ｔトラックで集材と運搬を行う方法（方法３）、集材用の大型のグラップルを使い、４ｔトラックに積み込み運搬する方法（方法４）に分類できました。

搬出経費の算出に当たっては、一連の作業を、林道脇の残材をトラックに積み込み、買い取り土場まで運搬し、荷降ろしするまでとし、その搬出機械に関わる費用（減価償却費、燃油代、保守管理費等）を経費としました。

搬出方法別の運搬距離と経費との関係は、図１（30頁）のとおりです。それによると、どの搬出方法も運搬距離とほぼ比例して経費が上昇しました（図１ａ）。方法別で見ると、中型トラックを使用した方法3と4は、ほぼ同じ経費がかかり、方法2では経費が上昇しますが、距離との関係を見ると、方法3、4と同比率で増加する傾向が見られました。一方で、軽トラックを使う方法1は、1tの残材を運搬するために、積載重量（最大350kg）の関係により数回往復しなければならないため、距離に対する経費上昇率が他の方法に比べて非常に高くなりました。

残材の買い取り価格を3000円/生重tとした場合、方法2、3、4では運搬距離が40kmを超えても利益は出ましたが、方法1では40kmを超えると赤字となりました。この収益を、人件費としてみると、運搬距離40kmの場合、方法3、4で時給2000円相当の収益が、方法2では500円相当の収益となりました（図1b）。

仁淀川町の場合、2010（平成22）年当時は買い取り土場が町外（役場から約15km下流）にしかなく、そこでの聞き取り調査によると、多くの運搬者が30~40kmの運搬距離を経て出荷していました（図1〇印）。そのため、軽トラック（方法1）を使う運搬方法では、利益が余り出ず、出荷量も多くありませんでした。しかしながら、運搬距離が短い場合は、当然のことながら収益性は増し、距離が20kmでは、経費は3000円/生重tに、10kmでは2000円/生重tとなりました（図2、31頁）。このことから、人件費（収入）がいくら得られるかを計算すると、残材価格が6000円/生重tである現在、運搬距離が15kmでは日額5000円（時

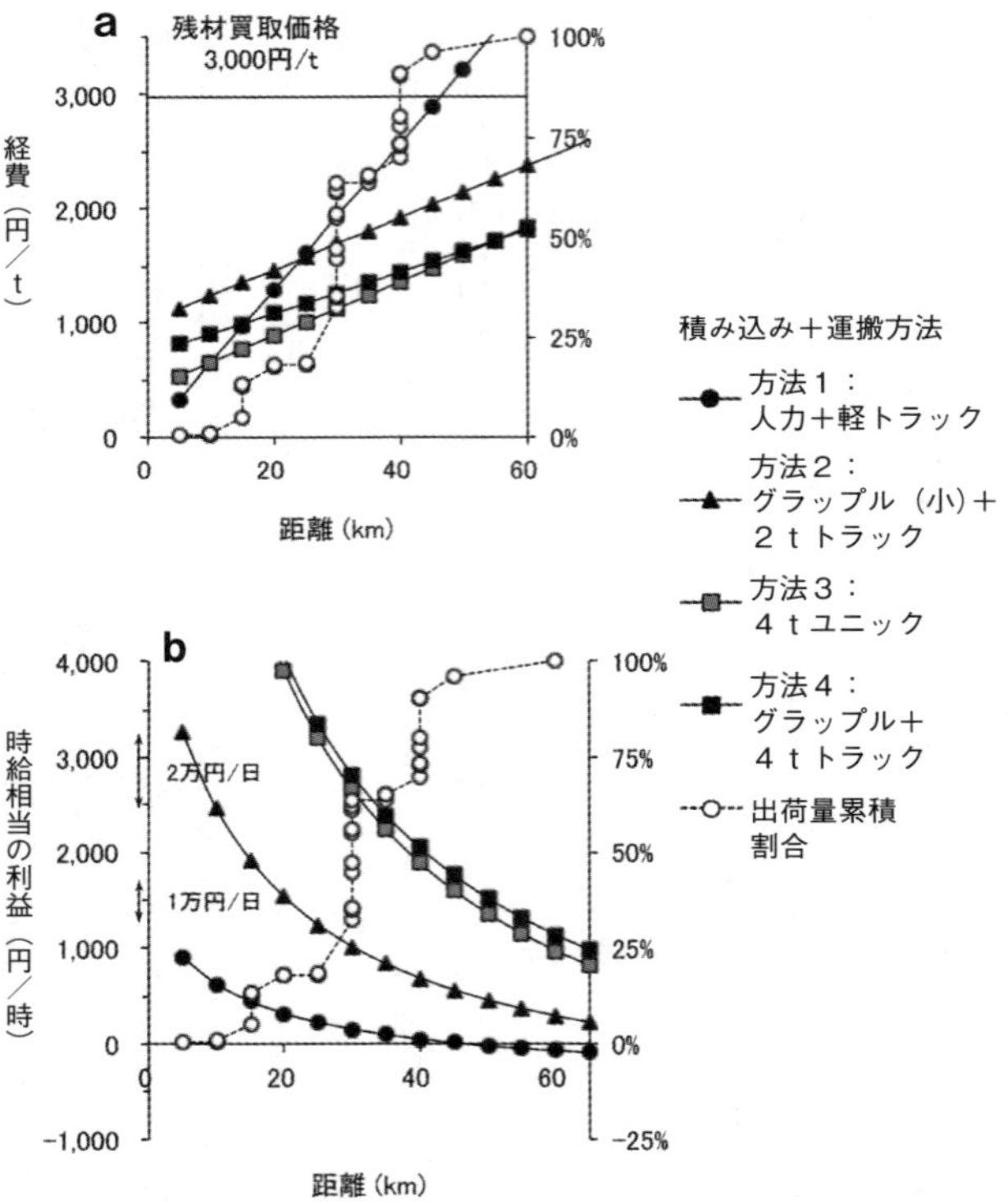

図１　残材の搬出（運搬・収集）方法別の、運搬距離と搬出経費（上：図a）および時給相当の利益（下：図b）との関係（2010年当時、高知県仁淀川町）

○印は、運搬距離と買い取り土場への出荷量（右目盛）の累積割合を示します。町外に大型の買い取り土場が稼働しており、多くの残材がそこへ運ばれ、その運搬距離は多くが30～40km（図中の○印）でした。2010年頃の残材買い取り価格（3,000円/生重ｔ）をベースにすると、運搬距離が長いほど方法１の経費が高くなり、運搬距離が40kmを超えると赤字になりました（a）。運搬に４ｔトラックを使う方法３、４では距離が40kmであっても、１人当たり１万円/日の賃金（収益）が得られました（b）

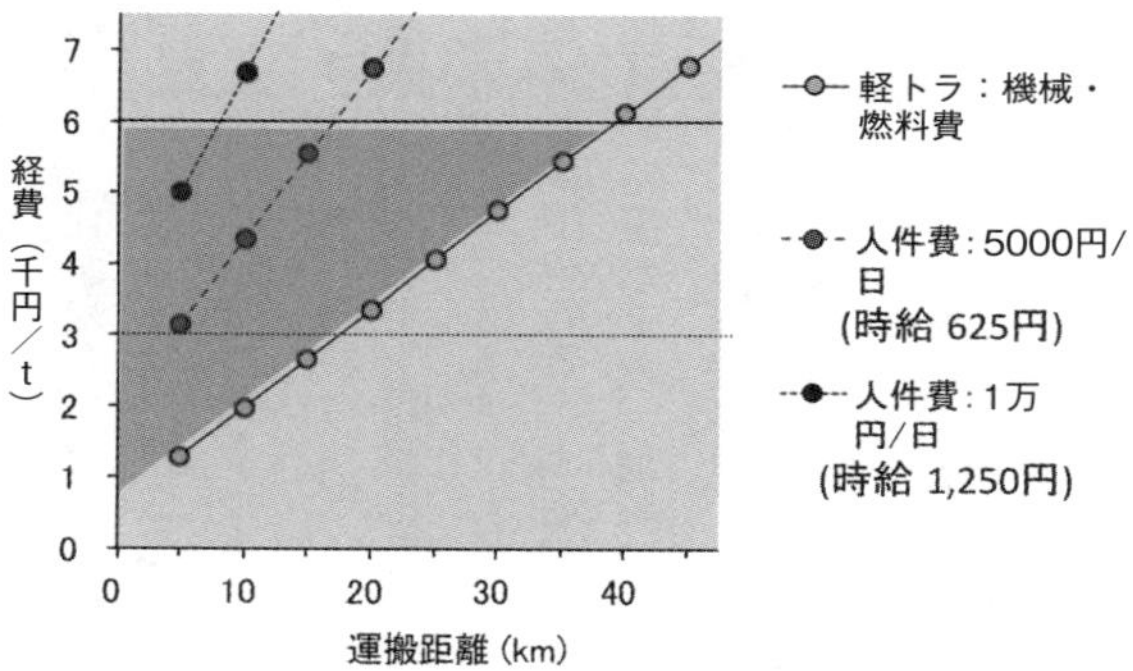

図２　林地残材を人力集材と軽トラックで運搬した場合（方法１：表１、図１参照）の、運搬距離と経費との関係

機械・燃料費に人件費を経費として加算すると、残材価格が6000円／ｔの場合、人件費（日当）が5000円／日では運搬距離が15㎞で損益分岐点に、１万円／日では７㎞で損益分岐点となる

給625円）が、７㎞では１万円（時給1250円）が得られます。また、単純に軽トラ１台分の残材を搬出した場合、運搬距離15㎞で1000円強（10㎞なら1300円）の収入が得られることになります。

土場の設置方法が収益アップのカギ
―小面積単位での収集システム

このように、個人レベルでの小規模搬出（方法1）は、運搬距離の長さ（遠さ）が搬出推進のネックとなります。作業実態としても、山林所有者や林業従事者が現場で山仕事を終え、自宅へ帰る際に軽トラックに残材を積んでいくというパターンが一般的で、残材運搬を主たる仕事や1日仕事として行うことは多くありません。つまり、従前からの町外土場への運搬は、仕事帰りに町外へ出て、また自宅へ引き返すという、時間的な無駄、金銭的に割が合わない、遠くて気が進まない等の多くのマイナス要因がありました。

木質バイオマスエネルギーの利用については、全国的に大規模発電工場の設置が相次いでおり、高知県でもその1つは高知市内で稼働しています。仁淀川町中心部からその発電所までの距離は60㎞弱で、中型トラック運搬による方法（図1参照）ならば、収益が見込めます。しかしながら、エネルギーは中山間地域でも必要であり、消費するエネルギーの一部が再生可能な地域資源で得られ、地産地消ができるのであれば、雇用の創出や地域経済の活性化など、人や経済の還流が進み、運搬に関わるCO_2排出削減（化石燃料の消費削減）によって環境保全をも図ることができます。

実際に、仁淀川町では地元製材所にペレットプラントが設置され、そのペレットが町内の宿泊施設で使われています。隣接する町では、温浴施設に薪ボイラーが導入され、半径10㎞圏内から得られる林地残材等の利用によって、燃料費の大幅な削減を果たし、雇用の拡大を達成しています。このように集落や町村単位といった小面積地域内でのエネルギー生産と利用を進めていく上で、人や物が集まりやすい場所を確保することが必要であると考えました。そこで、地域住民や我々が着目したのは、学校跡地でした。学校は、集落の中心もしくは隣接地にあり、その跡地を有効利用したいという住民の願いがあります。そのため、学校跡地を有効利用する仕組み作りの一環として、校庭もしくはその周辺スペースに土場を設けて、そこに残材を集積することを考えました。

そのため、仁淀川町内の学校跡地をマッピング（地図化）しました（図3、34頁）。町内には19カ所の跡地が存在し、これらは集落単位で適当な間隔をおいて点在していることがわかります。これらが集積場として機能すれば、個人で残材を収集・運搬する者（方法1）にとっては、利便性が高まり、作業意欲が高まります。収集箇所から集積場への運搬距離からその収益性を検討してみると、現在より安い買い取り価格（３０００円／生重ｔ）でも町内全域で収益が上がることがわかりました（図4、36・37頁）。つまり、従前からある町外の土場へ運搬した場合、運搬距離が40㎞を超えると赤字になっていました（図4、方法1―ａの黒い部分）が、町内に土場を設置した（図３参照）場合、すべての収集箇所で収益が出る（図4、方法1―ｂ）ことがわかりました。運搬距離10㎞の場合、方法1では1ｔ当たり約２０００円の経費がかかる（図1参照）ので、軽トラ1台で運搬した場合は、買い取り価格６０００円／生重ｔの場合、１３００円程度の収入となります。つまり、現場へ出かけて、仕事帰りに残材を軽トラックに

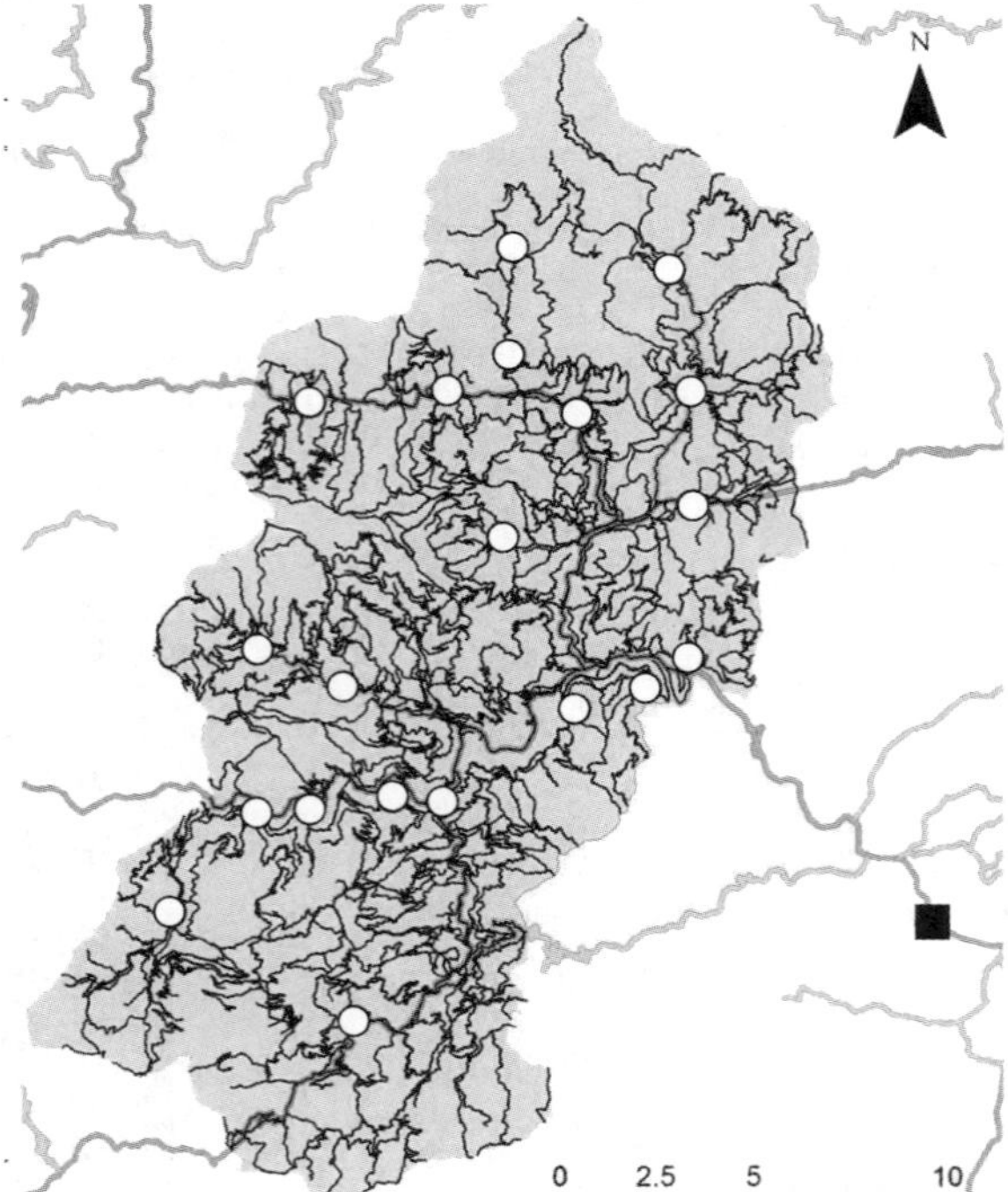

図３　高知県仁淀川町における設置可能な土場（○の箇所）

これらは殆どが学校跡地で、木材の集積ができるスペースを備えています。■は町外にある従前からの買い取り土場で、黒線は運搬可能な路網を示します積み、帰宅途中もしくは家の近くにある土場に荷降ろしすれば、運搬経費も最小限ですみ、日々の作業に組み込むことが容易な副業ができます。また、土場を薪利用のための加工・乾燥施設として使うことによって、小規模な薪利活用システムができ、それはエネルギーの地産地消、雇用の増大、経済の活性化につながります（詳しくは林業改良普及双書№１８２『木質バイオマス熱利用でエネルギーの地産地消』全国林業改良普及協会発行、を御覧ください）。

また、このように集落に近く、大型トラックが乗り入れられる場所（中間土場）へ、常に一定以上の材が集積されていることは、買い取り業者にとっても魅力的で、運搬業者が定期的に集積場を巡回し、買い取るシステムができ、売り手買い手双方にメリットのある方法として注目されています。

中間土場が小規模から大規模への要に

木質資源によるエネルギー生産プラントが増設されていく中で、以前から課題とされているのが、資源（原料）は山にあるが、それが市場（工場）へ出てこないという問題です。これは、林業本体が低迷していることとも関連し、素材生産のための伐採が進まない限り、その端材と

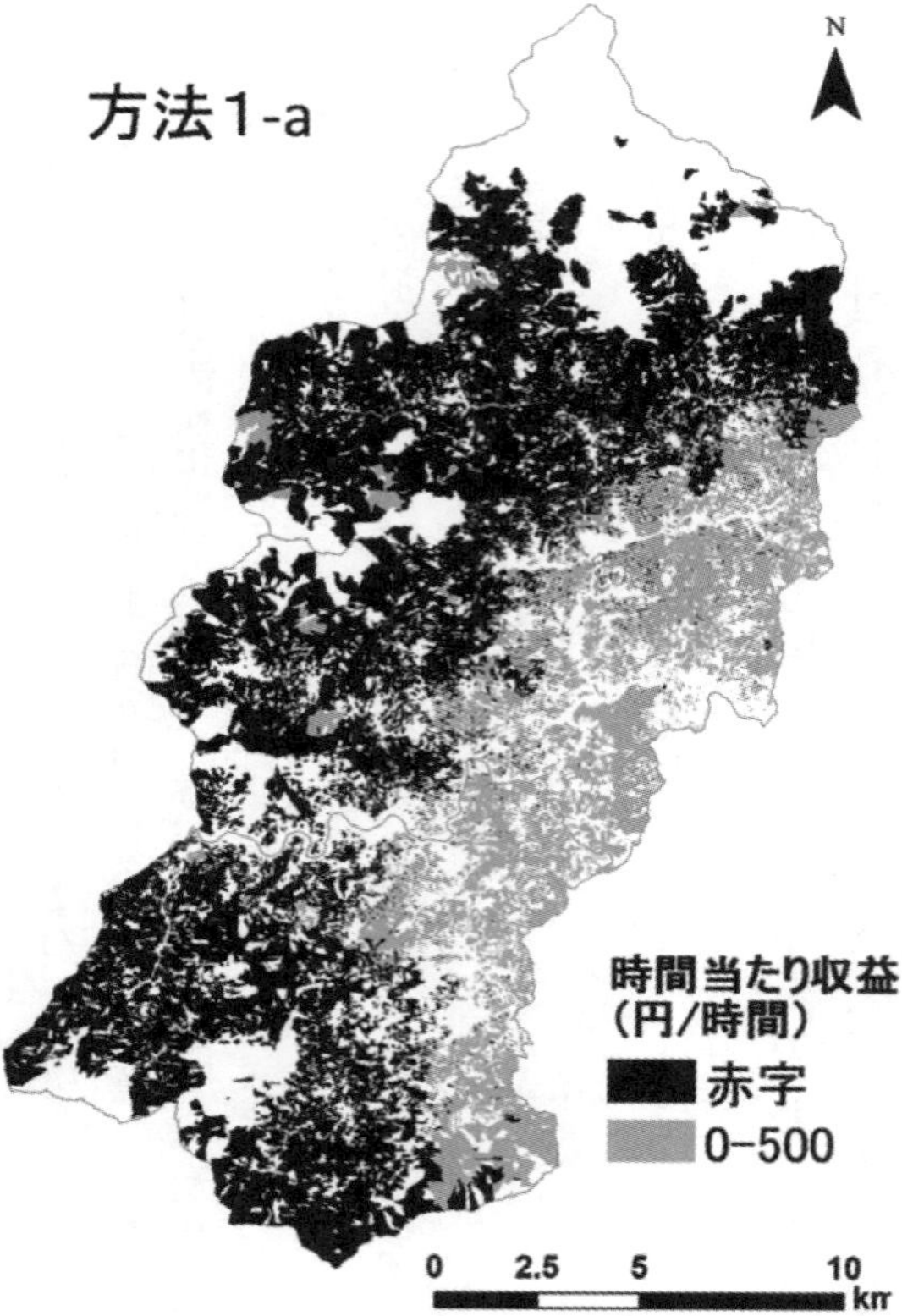

図４　林地残材を人力集材と軽トラックで運搬した場合（方法１：表１、図１参照）の、売り払い土場の位置の違いによる収益分布地図（買い取り価格3,000円/生重ｔ、高知県仁淀川町の場合）

地図の色は、残材を収集した地点における収益性（１ｔを運搬した場合の時間当たりの収益）を示し、上図（方法１-a）は、従前の町外土場（図３の■）へ運搬した場合で、運搬距離が40㎞を超えると赤字になります。次頁図（方法１-b）は、町内に土場を設置（図３の○）した場合で、すべての地域で収益が出ます

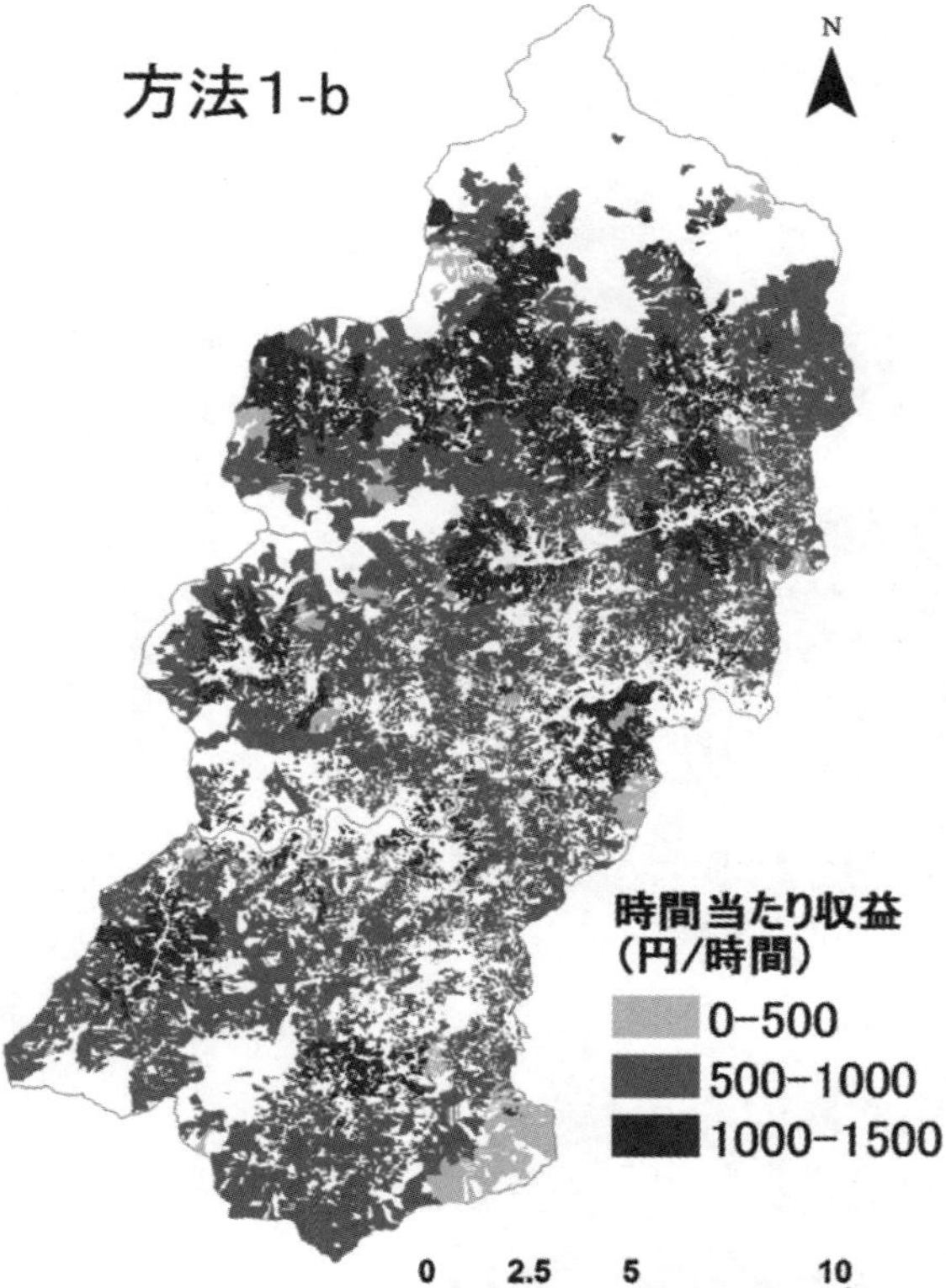
方法1-b
N
時間当たり収益
（円/時間）
0-500
500-1000
1000-1500
0
2.5
5
10
km

して生じる残材は生産されません。しかも、プラントの規模が大きくなればなるほど、継続的に多量の残材等の原料が必要となり、安定供給に腐心することとなります。個人レベルで行う収集運搬作業は、小回りがきき作業負荷も少ないため、日々の現場で、残材のみならず、不要な雑木や伐り捨て間伐木等を積み合わせて持ち帰ることができます。これによって、土場に日々集積される材は、地域内で消費されるシステムができれば、より高く販売することができます(写真1)。一方で、集積場は地域外へ販売するための中間土場としての機能を持つことにもな

写真1　軽トラックを使った小規模な収集運搬方法とそれを集積する土場

土場が集落周辺に設置されれば、仕事帰りに残材を軽トラックに積んで、そこへ搬入することが容易になり、日々の仕事として、安定した収入源（副業）となります

り、運搬業者は大型トラックによって、効率良く残材をプラントへ運ぶことができるようになります。

このように、一見非効率に見える小規模な収集・運搬方法ですが、それによって学校跡地等、集落内の遊休スペースに設置される中間土場は、売り手、買い手双方にとって利便性を高めます。また、そこは地域内利用のための加工場であったり、地域外販売のための集積場であったりと、地域内から地域外、小規模から大規模をつなぐ要所となることがわかりました。

1980（昭和55）年代前半、日本の人工林は初期の間伐期を迎えていました。当時、建築現場の資材（足場丸太）として、直径10㎝ほどの間伐材は大きな需要があり、1本1000円程度で取り引きされていました。その頃、行政が率先して謳ったスローガンが、「間伐木で晩酌を」でした。つまり、山仕事が終わった際に、伐り捨てられた間伐木を1本軽トラに積んで帰れば、1000円のお金になる、それでお酒とつまみを買って晩酌を楽しもうというものでした。

地域が疲弊し、林業が低迷して長い時間が経ちましたが、今あちらこちらで当時と同じような言葉が聞かれるようになりました。間伐材が残材に替わりましたが、「C材（未利用材）で晩酌を」とか「軽トラとチェーンソーで晩酌を」というキャッチフレーズです。家の近くにある集積場まで、軽トラ一杯の残材を持ち帰り、それを利用した温浴施設で汗を流し、そして飲み物やおかずを買って家に帰る、これが日常となれば、残材運搬は農林家の副業として成り立ち、地域内には雇用が生まれ、経済（お金の循環）が復活し、エネルギーの地産地消が可能となり、環境共生型の地域社会の復活・実現につながることになります。

なお、本研究成果は、国立研究開発法人科学技術振興機構社会技術研究開発センター（ＪＳＴ‐ＲＩＳＴＥＸ）研究開発領域「地域に根ざした脱温暖化・環境共生社会」における研究開発プロジェクト「Ｂスタイル：地域資源で循環型生活をする定住社会づくり」（２０１０‐２０１４）の成果の一部です。調査および取りまとめは、プロジェクト（ＰＪ）の研究担当者（ＢスタイルＰＪ研究グループ）が行いました。また、プロジェクト全体は「ＮＰＯ法人土佐の森救援隊」「によど自然素材等活用研究会」との協働体制により、市町村、県、関係団体等の協力を得ながら遂行しました。

参考文献

中嶋健造（２０１２）バイオマス材収入から始める副業的自伐林業．林業改良普及双書№１７３．２１２pp．全国林業改良普及協会．

北原文章（２０１３）Ｂ級資源で地域を活性化 ―高知県仁淀川流域における木質バイオマスの地域利用―．グリーンスピリッツ（Green Spirits）９(1)：12―16．グリーンスピリッツ協議会．

鈴木保志・村上晋平・後藤純一・中嶋健造・北原文章・垂水亜紀・中山琢夫・田内裕之（２０１３）仁淀川町木質バイオマス利活用事業における材出荷実態と出荷者の実収支の分析．森林利用学会誌28(1)：41―50．

田内裕之・北原文章・鈴木保志・吉田貴紘・中山琢夫・垂水亜紀（２０１５）「Ｂスタイル」地域資源で循環型生活をする定住社会づくり．リサーチパンフレット．26pp．森林総合研究所四国支所．

田内裕之・鈴木保志・吉田貴紘・垂水亜紀・北原文章・中山琢夫（２０１６）薪から始める小規模システムの経済効果分析―地域主体のシステムづくり―「木質バイオマス熱利用でエネルギーの地産地消」．林業改良普及双書№１８２．全国林業改良普及協会．

荷の枝条を圧縮―バイオマス対応フォワーダの開発

森林総合研究所林業工学研究領域収穫システム研究室
吉田 智佳史

素材生産との兼用が可能な機械を開発

地球温暖化対策や循環型社会の形成などを目的として、木質バイオマスが新たなエネルギー資源として注目されています。特に、２０１２（平成24）年に電気事業者による再生可能エネルギー電気の調達に関する特別措置法に基づく固定価格買取制度（ＦＩＴ）が施行されたことから、その期待はますます拡大していくと考えられます。ＦＩＴにおける木質バイオマスの種類は、発生源の違いから間伐材等由来、一般木質、建設資材廃棄物の３つに区分されますが、中でも間伐材等由来の木質バイオマス（以下、林地残材）は、発電の買取価格が他に比べ高く設定されているとともに、木質バイオマス発生量のおよそ半分を占めることから大きな期待が寄せられています。

しかしながら、林地残材は丸太に比べ林内に広く薄く散在すること、重さのわりに容積が大きいこと、末木・枝条・端材など対象が不定形なこと等、丸太とは大きく異なる形質を有することから、素材生産に使用される既存の林業機械を用いた搬出作業では効率が低く、十分な成果が得られ難い状況にあります。

一方、バイオマス搬出を目的とする専用機械は、欧州等を中心に海外で多数が開発・導入されてきました。例えば、かさ張る枝条を結束し柱状にするバンドラや細かく破砕することにより減容化やハンドリングを効率化するチッパなどです。しかしながら、これらバイオマス専用機械は高い生産性を示すものの大型で高額であることから小規模で零細な事業体への導入は難しく、わが国の作業条件や経営条件に適したバイオマス対応機械の開発が望まれていました。

そこで私たちは、機械導入時のリスクを低減するとともに稼働率の向上によるコスト削減効果を考慮し、バイオマスに特化した機械ではなく素材生産との兼用が可能な機械の開発を目指しました。具体的には、用材の積載能力を維持したまま、かさ張る林地残材を効率的に積載するための圧縮装置を備えた搬出用機械「バイオマス対応フォワーダ」の開発を行いました。なお、この開発は林野庁補助による森林整備効率化支援機械開発事業「木質バイオマス収集・運搬システムの開発」〈2007～2011〈平成19～23〉年度〉の一環として森林総合研究所、岐阜県森林研究所、株式会社諸岡が共同で実施しました。

開発機の特徴―箱型の荷台で荷の枝条を圧縮

当初開発した試作機は、農業用のベールグラブを参考にフォワーダ荷台部にトング状の圧縮装置を備えた構造としました（図1）。利点として、従来のフォワーダと同様に荷の支えが柱状であることから丸太等の積み降ろしの作業性が確保しやすいこと、構造が比較的単純なため強度上の問題が少ないこと等があげられます。しかしながらその一方で、圧縮によって柱と柱の間に枝条が入り込み荷降ろしが困難になること、荷台容積の確保が難しいこと、グラブ収縮時に荷が上方に逃げてしまい十分に圧縮できないこと等の問題が明らかになりました。そこで、これに代わって荷台を箱型にし、左右に拡幅する側壁と上部に開閉する天蓋を設けることにより荷を圧縮する構造を採用した運材車型の2号機（写真1）、さらに、グラップルローダを追加して自身で積載を行うフォワーダ型の3号機を開発しました。

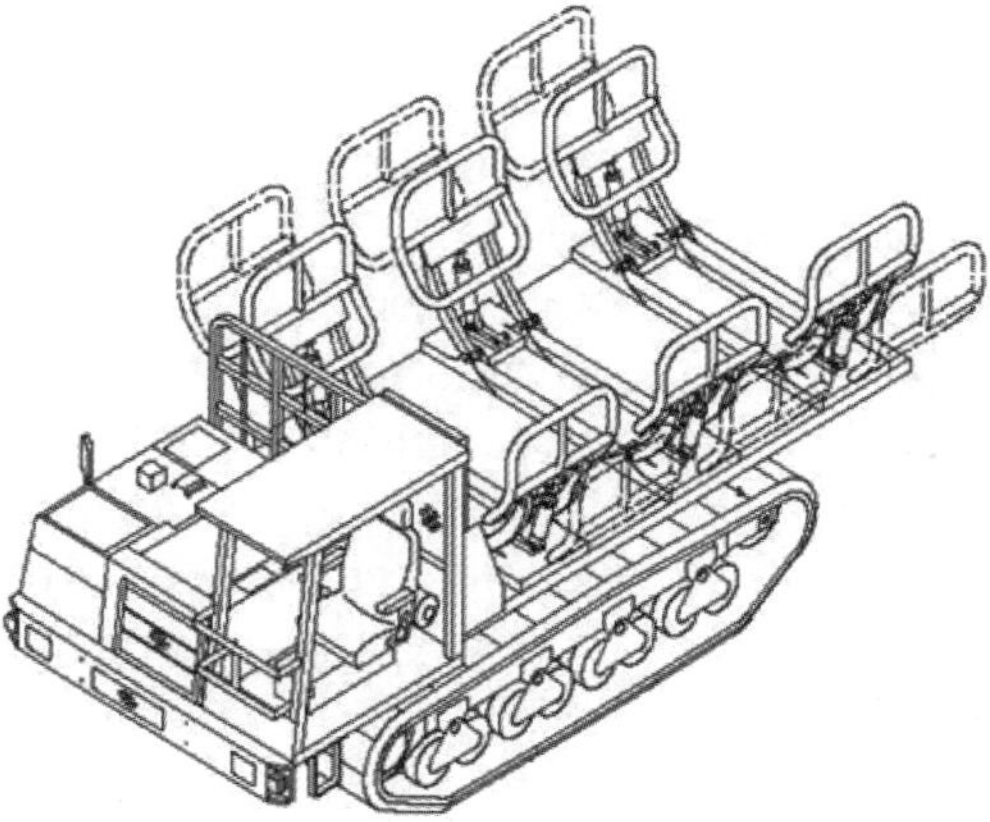

図１　試作したバイオマス対応フォワーダの１号機

写真１　バイオマス対応フォワーダ（運材車型）

表1　開発したバイオマス対応集材車両の主要諸元

	運材車型	フォワーダ型
ベース車	MST-650VDL	MST-800VDL
グラップルローダ	-	FC45DT
機械質量（kg）	7,420（5,900）	9,700（6,910）
全長（mm）	5,043（5,100）	5,590（5,400）
全幅（mm）	2,418（2,135）	2,568（2,300）
全高（mm）	2,696（2,240）	3,120（3,000）
荷台長（mm）	3,280（3,300）	3,200（3,070）
荷台幅 拡幅/収縮（mm）	3,500 / 1,900（1,950）	3,650 / 2,050（2,100）
荷台高 前壁/後壁（mm）	1,650 / 800	1,220 / 400
側壁/天蓋起立時（mm）	800 / 1,668	800 / 1,735
荷台容積 最大/最小（㎥）	19.15 / 4.99	20.26 / 5.25

※（　）内の数値はベース車の値

本機の主な諸元は表1のとおりであり、ベース車には諸岡製のクローラ式集材車両を用いました。本機を設計する際の積載目標として、バンドル材やチップと同等の減容効果を得るとともに、およそ2t－wetの積載質量を可能にすることを目指しました。そのため、一般に末木枝条のかさ密度がおよそ0・1t－wet/㎥であることから拡張時の荷台容積は20㎥とし、林道や作業路を走行する際に支障とならないサイズまで収縮することによりかさ密度を確保する構造としました。その結果、荷台幅は両機ともに左右の側壁が各

８００㎜拡がる構造とし、荷台高は側壁上部に設置した９００㎜の天蓋が開閉する構造としました。これによって荷台容積は、収縮時の約５㎥から最大拡張時の約20㎥までおよそ４倍に拡げることが可能になりました。また、３号機には、広く散在する林地残材を効率的に収集できるようリーチ長８ｍのグラップルローダを搭載し、機械質量の増加に伴う最大積載量の減少を補うためベース車を４ｔクラス（ＭＳＴ―６５０ＶＤＬ）から５ｔクラス（ＭＳＴ８００―ＶＤＬ）へ変更しました。

作業性能―２ｔの枝条を積載

実際の間伐林分においてこれら開発機を用いた林地残材の搬出試験を行いました。その結果、１サイクル当たりの平均積載量は２・７ｔ―ｗｅｔであり、機種別では２号機（以下、運材車型）が２・５ｔ―ｗｅｔ、３号機（以下、フォワーダ型）が３・０ｔ―ｗｅｔ、部位別では枝条のみを積載した場合（以下、枝条）が２・５ｔ―ｗｅｔ、枝条と端材の混合を積載した場合（以下、枝条端材）が２・９ｔ―ｗｅｔとなり、設計目標であった２ｔ―ｗｅｔを超える積載量を得ることができました（表２）。また、圧縮効果を検証するため荷台容積当たりの積載質量を表すかさ密度を用いて比較したところ、樹種（スギ、ヒノキ）、機種（運材車型、フォワーダ型）、部位（枝条、枝条端材）、圧縮方法（圧縮なし、1回圧縮、繰返圧縮）の違いによって図2に示す結果が得られました。例えば、スギ枝条を運材車型に積載した場合、圧縮しない場合は0・05t－dry／m³でしたが、1回圧縮することにより0・08t－dry／m³、さらに繰返圧縮することにより0・11t－dry／m³になるなど約2倍の圧縮効果があることがわかりました。なお、1回圧縮とは荷台を最大まで拡張して積み込みを行い最後に収縮して圧縮する方法、繰返圧縮とは積み込みの途中に荷台の拡張と収縮を適宜繰り返し圧縮しながら積み込む方法です。

以上のように積載量の確保を目的とした場合は、繰返圧縮が最も有効な作業方法であることがわかりましたが、一方で作業時間を考慮した場合、荷の圧縮に要する時間は、従来の林業機械を用いた場合には発生しない作業であることから掛かり増し時間とも考えられます。そこで、作業方法別による林地残材の積み降ろし時間を計測したところ、運材車型では1回圧縮12・0分、繰返圧縮18・8分、フォワーダ型では1回圧縮29・5分、繰返圧縮41・4分であり、このうち荷の圧縮に関する作業時間はおよそ12～15％程度と比較的小さいことがわかりました。また、走行時間を含めると作業時間全体に占める圧縮時間の割合はさらに小さくなることから圧

表２　１サイクル当たりの林地残材の積載量

(t-wet)

		運材車型	フォワーダ型
枝条	1回圧縮	1.45	1.99
	繰返圧縮	2.09	2.57
	繰返圧縮満載	3.16	3.77
枝条・端材	1回圧縮	2.15	2.64
	繰返圧縮	2.45	3.08
	繰返圧縮満載	3.41	3.86

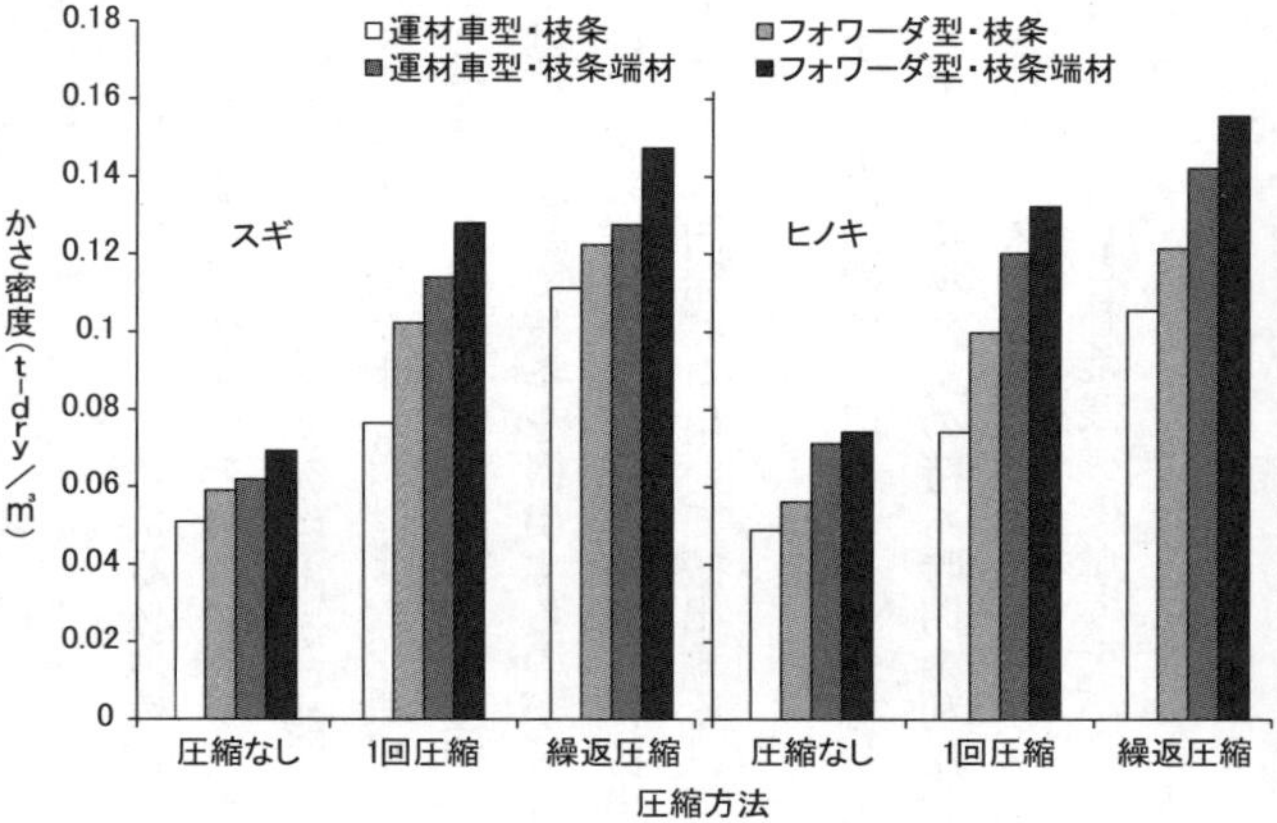

図２　バイオマス対応フォワーダの荷台に積載した林地残材のかさ密度

縮時間が生産性に及ぼす影響は低いと考えられました。

これらの分析結果を用いて、開発したバイオマス対応フォワーダによる林地残材搬出作業の生産性を試算すると図3の結果が得られました。例えば、運材車型を用いてスギ枝条を500m搬出する場合、繰返圧縮を行えば1時間当たり2・8t—dryの搬出が可能と試算され、圧縮しない場合に比べ約1・5倍の生産性があることがわかりました。また、搬出距離によって最も生産性が高い作業方法は異なり、運材車型では2000m以下では繰返圧縮、フォワーダ型では700m以下は1回圧縮、それ以上では繰返圧縮で枝条を搬出するのが最も生産性が高い作業方法であることがわかりました。さらに、従来機械のように圧縮せずに搬出する場合と比較すると、搬出距離100m以下の短距離を除き本開発機を用いて搬出するほうが生産性は高いことがわかりました。

本開発機は、素材生産とも兼用が可能なことから1台の機械で用材と林地残材の両方を搬出することができます。そこで、現地試験の結果をもとに集材作業の待ち時間を利用して林地残材の搬出を行った場合のコストを試算しました。作業システムは、ウインチ付きグラップルで木寄せした全木材を作業路上でプロセッサ造材し、用材と林地残材の全てをバイオマス対応フォワーダで土場へ搬出する場合を想定しました。その結果、スギの間伐作業を木寄距離40m、

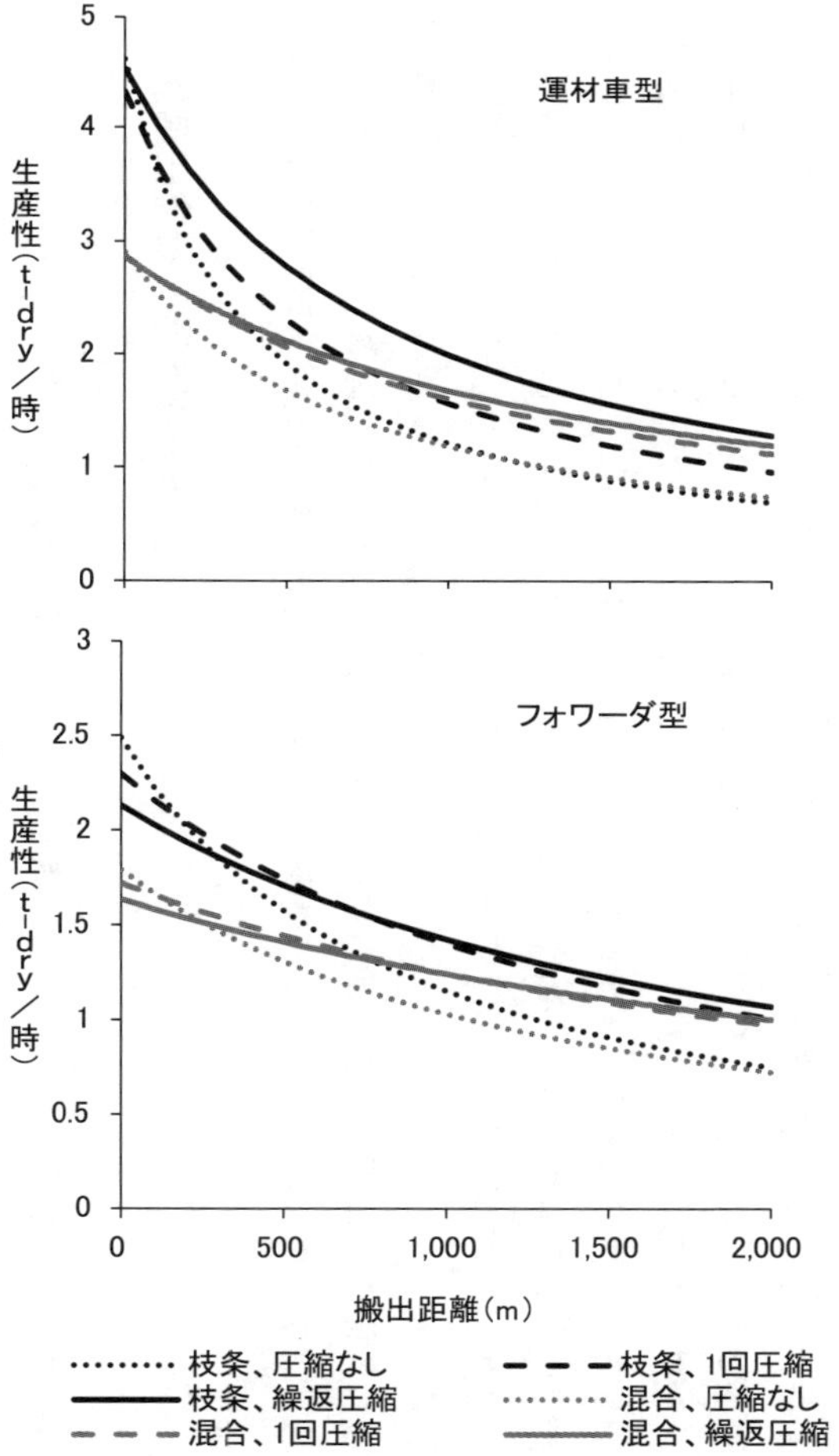

図３　バイオマス対応フォワーダによるスギ林地残材搬出作業の生産性

搬出距離500mの条件で行った場合、林地残材の搬出コストはおよそ1300～2800円／t－wetと算定されるなど従来に比べ低コスト搬出が可能なことがわかりました。

枝条搬出作業に開発機を導入

2015（平成27）年現在、開発したバイオマス対応フォワーダの導入台数は15台（メーカー発表）を数え、全国各地で活用されています。その1つである南富良野町森林組合において本機の使用状況について聞き取り調査を行いました。

当森林組合は、北海道の中央部に位置する南富良野町に所在し、総面積6万6500haの約90％が森林に区分されるとともに、木材関連工場が多数操業するなど林業の町として発展してきました。しかしながら、近年は森林所有者の経営意欲の低下、事業量の減少、担い手不足などの問題によりかつての賑わいが薄れつつある状況です。一方、戦後に植林された人工林は1万4000haにおよび、その多くが成熟期を迎えつつあることから森林資源の持続的な利用方法が模索されています。その1つとして、町内の学校や福祉施設など4つの公共施設にバイオマスボイラーを導入し、町内の森林から発生する林地残材を燃料として有効利用する仕組

写真2　南富良野町森林組合に導入されたバイオマス対応フォワーダ（グラップルローダ付き）

みが構築されました。この林地残材の供給を森林組合が担っているとのことです。これまで林地残材は、土場で全幹材をプロセッサ造材することにより発生する端材をトラックに積載して破砕施設へ運搬してきましたが、近年は所有者からの要望や地拵え作業の省力化のため、全幹集材時に林内に残される枝条も搬出し、燃料用資源として活用する事業を開始しました。この枝条の搬出作業の効率化を目的として２０１３（平成25）年度にバイオマス対応フォワーダ（写真２）が導入されました。

バイオマス対応フォワーダの稼働状況は、導入開始の２０１４（平成26）年度は約２００時間でしたが、２０１５（平成27）年度は半年ですでに270時間を超えるなど利用度は増しています。また、搬出量は、2014（平成26）年度はチップ生産量（約350ｔ）の約1割がバイオマス対応フォワーダにより搬出された枝条でしたが、2015（平成27）年度はチップ生産予定量（620ｔ）の1割を半年で超えるなど、バイオマス対応フォワーダにより搬出された枝条の割合は今後も増える見込みとのことです。また、本機は枝条だけでなく用材の搬出にも使用されており、稼働日数のおよそ3～4割がバイオマス搬出、6～7割が用材搬出に使用されているそうです。なお、主な対象樹種はカラマツであり、搬出距離は500ｍ以下が主流とのことです。

バイオマス対応フォワーダを導入してから間もないことから試行を繰り返しながら最適な作業システムを検討している最中とのことですが、林内に散らばる枝条を運ぶ場合、リーチのあるグラップルローダと圧縮機構を装備した本機はたいへん有効であり、今後は燃料用原料の不足も懸念されることから、本機が活躍する機会はさらに増えるのではないかとのことでした。

おわりに

素材生産と連携したバイオマス生産を行うことにより林地残材の搬出コストの削減や搬出量

の拡大が見込まれるとともに、収益性の向上に伴い森林整備の促進や素材生産の拡大、ひいては木材自給率の向上に資するなどさまざまな効果が得られるものと考えられます。開発したバイオマス対応フォワーダの普及により、わが国の林業・林産業・木質バイオマス産業の活性化の一助になることを期待します。

参考文献

陣川雅樹・吉田智佳史・毛綱昌弘・中澤昌彦・伊神裕司・古川邦明・臼田寿生・岩岡正博・諸岡正美・諸岡昇（２０１１）バイオマス対応型フォワーダの開発．森林利用学会誌26⑷：２２７～２３１．
吉田智佳史・佐々木達也・中澤昌彦・毛綱昌弘・陣川雅樹・古川邦明・臼田寿生・諸岡正美・諸岡昇（２０１３）圧縮機構を装備したバイオマス対応集材車両の開発と作業性能の評価―林業バイオマス搬出作業の生産性―．森林利用学会誌28⑴：29～39．

分業化方式による集荷工程とコスト分析

株式会社北海道熱供給公社生産部中央エネルギーセンター
課長　岩井　俊晴
係長　保木　国泰

はじめに

１９５０（昭和25）年代後半から１９６０（昭和35）年代後半にかけて、冬の札幌都心部では暖房設備から排出される煤煙により、大気汚染が深刻な状況にありました。１９６６（昭和41）年４月札幌冬季オリンピック開催決定を契機に、札幌都心地区において地域熱供給が導入されることとなり、１９７１（昭和46）年10月より中央エネルギーセンターからの高温水による熱供給を開始し、大気汚染防止に貢献してきました。

現在では札幌中心部約106haの供給エリアに、創業時からの中央エネルギーセンターの高温水ネットワークとともに、札幌駅南口エネルギーセンターおよび道庁南エネルギーセンター、赤れんが前エネルギーセンターの4つのエネルギー供給拠点を配し、エネルギーの面的利用の促進や環境負荷低減に貢献しています（図1）。

環境改善と循環型社会を目指して木質バイオマス燃料を利用

弊社は北海道産の石炭を使用した熱供給を開始以降、札幌市内で発生する事業系ゴミを原料とするRDF（ゴミ再生固形化燃料）（1989〈平成元〉年―2001〈平成13〉年まで使用）や、北海道苫小牧勇払地区にて産出された天然ガス（都市ガス13A）を利用するなど地産地消型の熱供給を継続してきました。

環境問題の主要テーマが、煤煙公害からCO_2排出量削減を中心とする地球温暖化防止へと移り変わる中、熱供給事業者としてCO_2排出量の多い石炭をベースとした熱供給システムの再構築が急がれる状況となりました。

2003（平成15）年に再生可能エネルギーでありカーボンニュートラルな木質バイオマス

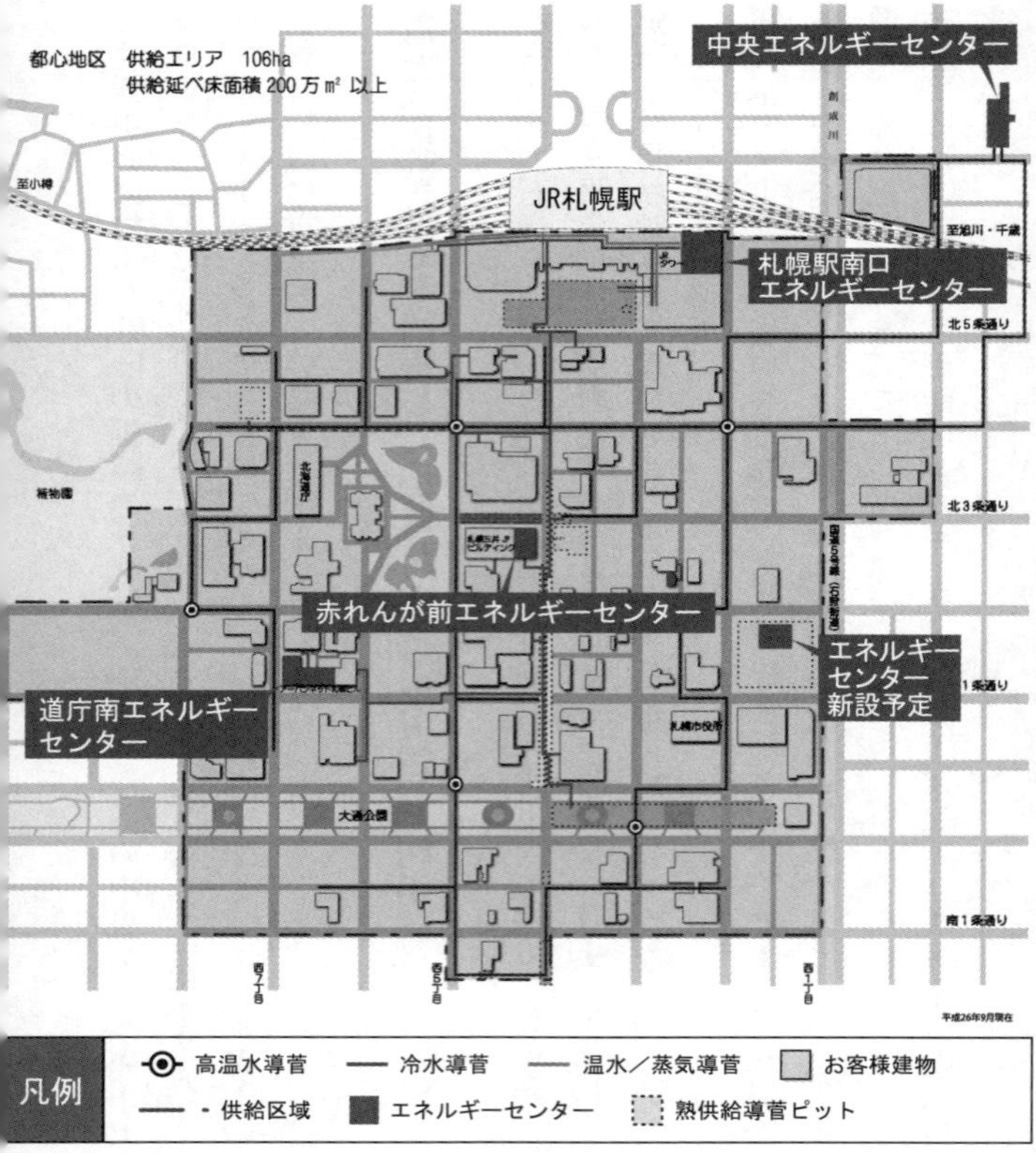

図1　プラント位置と供給エリア
http://www.hokunetsu.co.jp/image/map1_l.png
北海道熱供給公社

燃料の導入に向け、遊休設備となっていたＲＤＦボイラを木質バイオマス用に変更するための調査・検討、燃焼試験を開始しました。

当時、林地未利用材のうち林地残材や間伐材などを主原料とする木質バイオマス燃料の利用検討を進めていましたが、燃焼試験用として到着した燃料は、水分値が60％WBと高かったりサイズが不均一など弊社ボイラに対する燃料品質を満足しておらず、燃焼試験の結果は厳しい状況でした。また、林地残材系燃料は流通経路や取引価格なども未整備の状況でしたので、まずは水分値等の品質が安定している建築廃材系の利用からスタートし、CO_2削減対策を優先した取り組みを進めることとしました。

２００８（平成20）年に環境省二酸化炭素排出抑制対策事業費等補助金を活用して「木質バイオマス導入によるCO_2排出削減対策事業」を実施致しました。その内容については、石炭ボイラ２缶を廃止し、灯油ボイラ１缶を都市ガスボイラへと転換、さらにＲＤＦボイラは木質バイオマス燃料を利用するために設備改造を行い、２００９（平成21）年に木質バイオマスの本格導入に至りました（図２、写真１）。

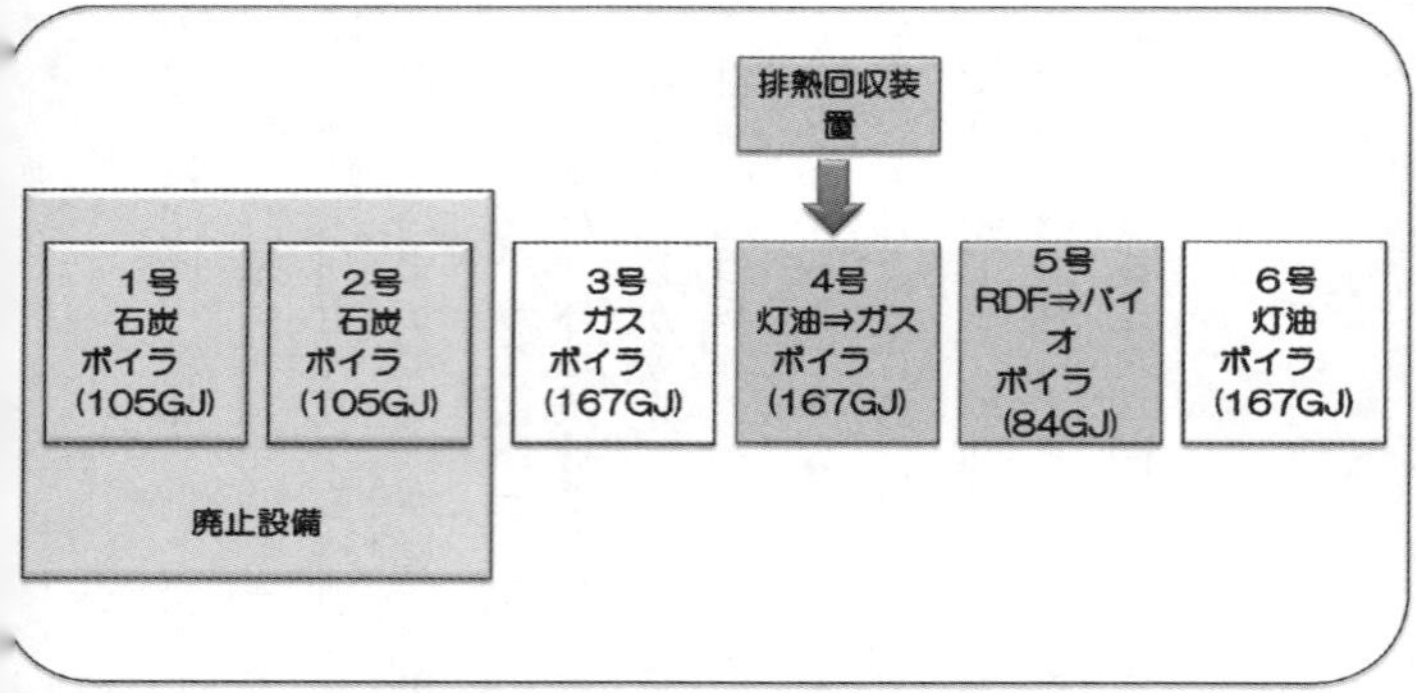

図2　プラントボイラ構成

写真1　木質バイオマスボイラ

木質バイオマス使用量の伸びでCO_2の排出を削減

木質バイオマスの使用量は、初年度８０００ｔ余りでしたが、運用技術の向上や設備改修、調達先の多様化などにより年々増加し２０１４（平成26）年度は約2万９０００ｔとなりました。木質バイオマスボイラの運転方法は毎週月曜日の早朝に立ち上げ、土曜日の夜に停止するＷＳＳ運転（Weekly Start and Stop）とし、設備稼働日数は年間２８５日に至っています（図3）。

CO_2排出量は、主に石炭を使用していた頃は7万ｔ－CO_2／年でしたが、CO_2排出削減対策事業に取り組んだ結果、木質バイオマス使用量の伸びに合わせ削減効果を大きくしており、２０１４（平成26）年度実績では1万９０００ｔ－CO_2／年まで削減、削減率は約70％となっています（図4）。

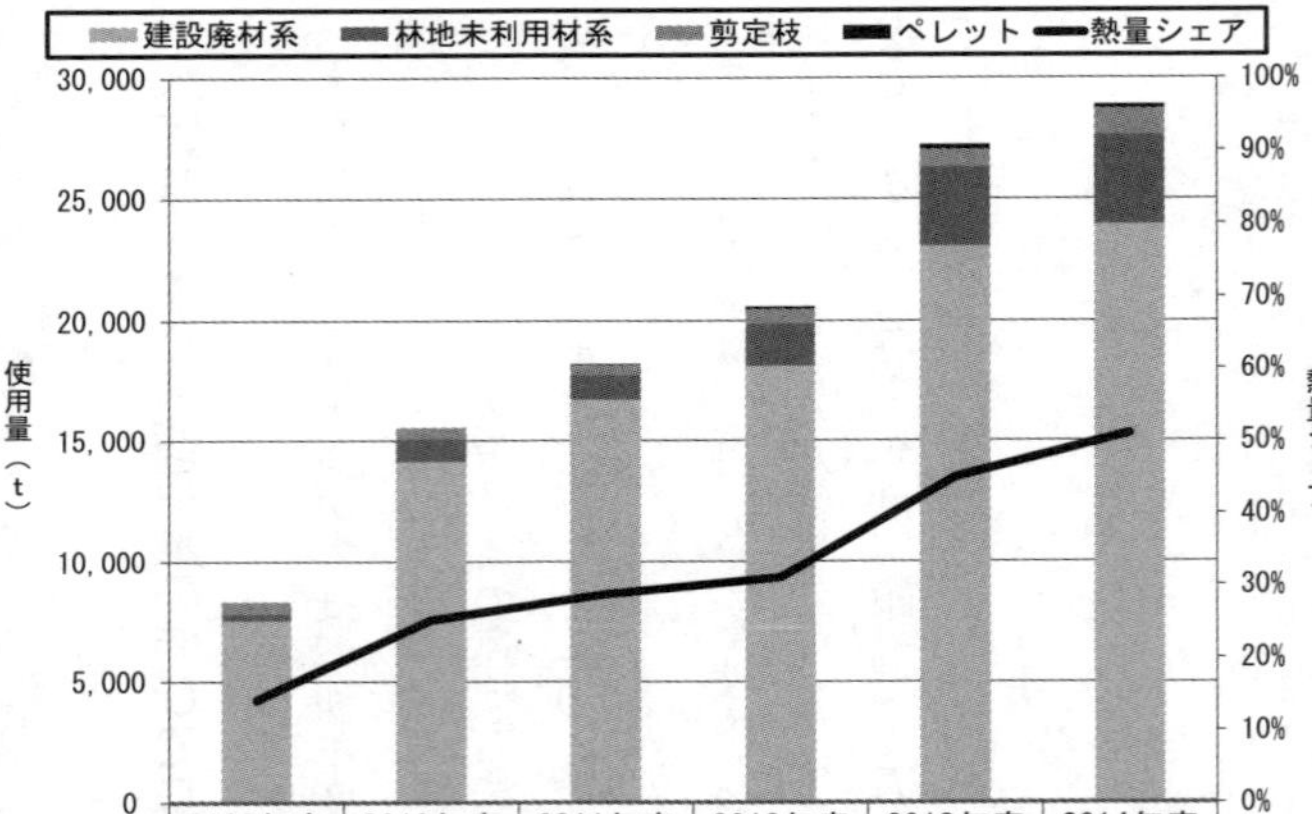

	2009年度	2010年度	2011年度	2012年度	2013年度	2014年度
ペレット	0	0	30	100	205	166
剪定枝	524	473	441	593	727	1,079
林地未利用材系	281	941	1,048	1,769	3,267	3,691
建設廃材系	7,516	14,132	16,704	18,124	23,041	23,951
熱量シェア	14%	25%	29%	31%	45%	51%

図3　木質バイオマス使用量推移

図4　CO_2排出量推移

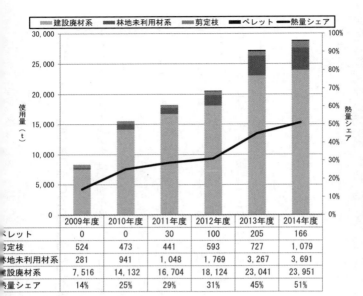

供給側―集材と林地残材集荷を分業化

約半世紀もの時間をかけ自然の中で貴重な資源として成長する樹木は、用材やパルプ材などのマテリアル利用が優先されるべきであり、燃料には林地未利用材の中でも林地残材といわれる「枝条」や「追い上げ」などの部位のみを利用し、木材を余すことなく活用するシステムの実践が必要であると考えています。このような木材のカスケード利用を進めることにより、供給者である山里の活性化や森林のCO_2吸収量を高めることにつながっていくものと考えます。

しかし、林地残材を燃料に活用する取り組みは、これまでも全国で試みられてきましたがいずれも採算面などで成果が得られず、燃料化の断念やごく小規模な取り組みにとどまっているのが実情です。弊社は２００３（平成15）年から地域の森林組合や林業関係者、燃料製造業者、行政など札幌近郊の地域メンバーと地道に林地残材を利用する方法について議論と実証を重ね、徐々に林地残材の利活用が成果として現れるようになりました。

これまでの取り組みの中でも林地残材の集荷や燃料化には、補助金を活用しながら利用拡大

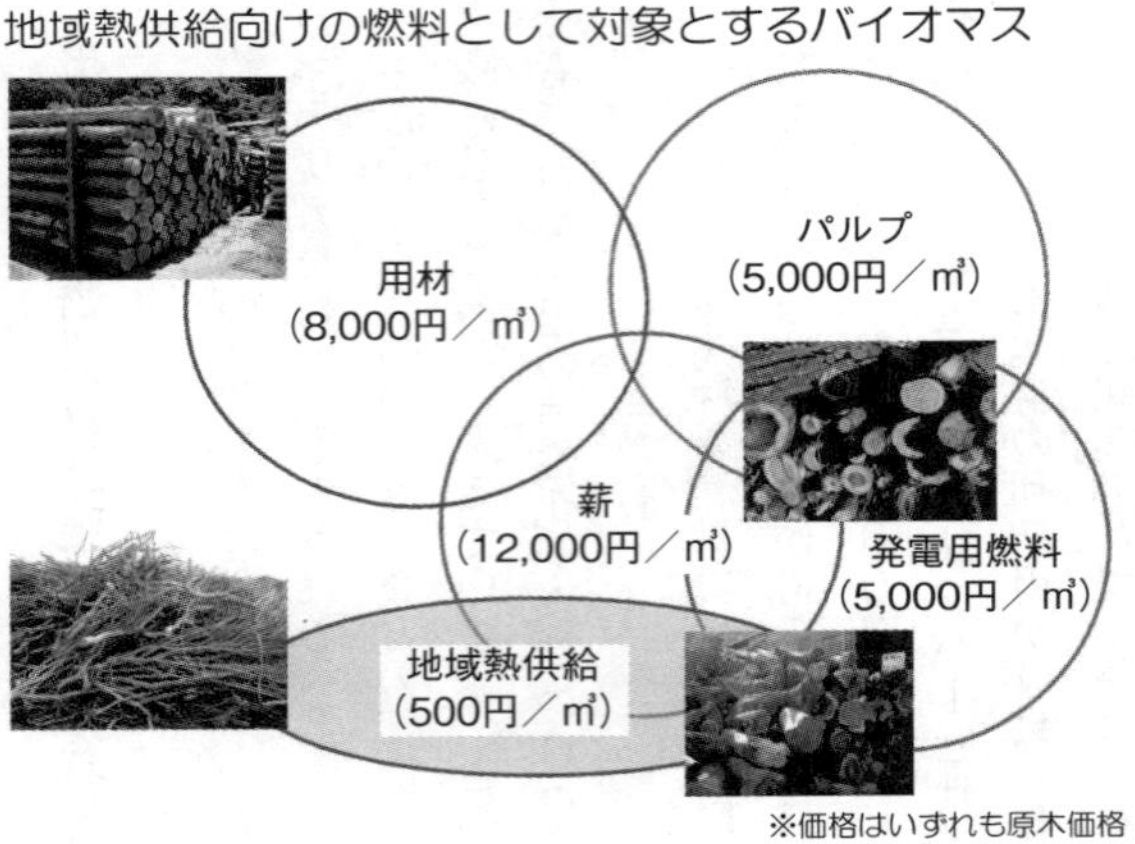

図5　集荷ターゲット

を進めておりましたが、2011（平成23）年度に弊社と㈱イワクラが核となり実施した木質バイオマス大規模利用促進事業（北海道予算事業）が最後の集荷実証事業となっており、以降はこれらの成果を継承し利用拡大を図っています。以下、その取り組みを中心にご紹介します。

林地残材の集荷事業は、㈱イワクラが多くのノウハウを積み重ねてきており、弊社は同社より林地残材チップを供給してもらう体制となります。

この林地残材集荷事業の特徴は、林業者が行う集材（マテリアル）と林地残材集荷事業（燃料化）を分業化させた取り組みとしているところにあります。本来は林業者（供給側）

が、伐採から林地残材の燃料化までを行うことで、一次産業としてだけではなくいわゆる六次産業化していくことが理想ですが、森林組合など単体の事業体でチッパー機を保有する場合は、年間を通じた作業量を確保できず、稼働率が低くなるケースが多いためチップ価格が高止まりする傾向にあります。そのため、本取り組みでは、林地残材集荷事業者が林内に散乱した枝条や追い上げを集める作業から行い、保有している重機やチッパー機は、間伐や皆伐が行われた後の現場から現場へと渡ることで機械の稼働率を向上させコスト低減を図るシステムとしています。また、ここでの林地残材集荷事業者は、原木を伐採するような技術作業ではないことから、土木建設業に属する企業体が担っており、重機のオペレーションから集荷作業などによって壊れてしまった林道修復、燃料チップの運搬まで本業のノウハウが大いに活用されているのが特徴です。

燃料となるチップの品質確保については、土砂などの不純物が混合するとボイラへの悪影響や灰の増加などが懸念されることから、集材段階から土砂などが混入しないように丁寧に枝条などをグラップルで集め土場に堆積させます。チップの製造工程では、チッパーで製造した製品に異物が混入しないように敷鉄板を利用した仮設ヤードを土場に設置し、一時保管するような工夫を凝らし品質の確保を図っています。

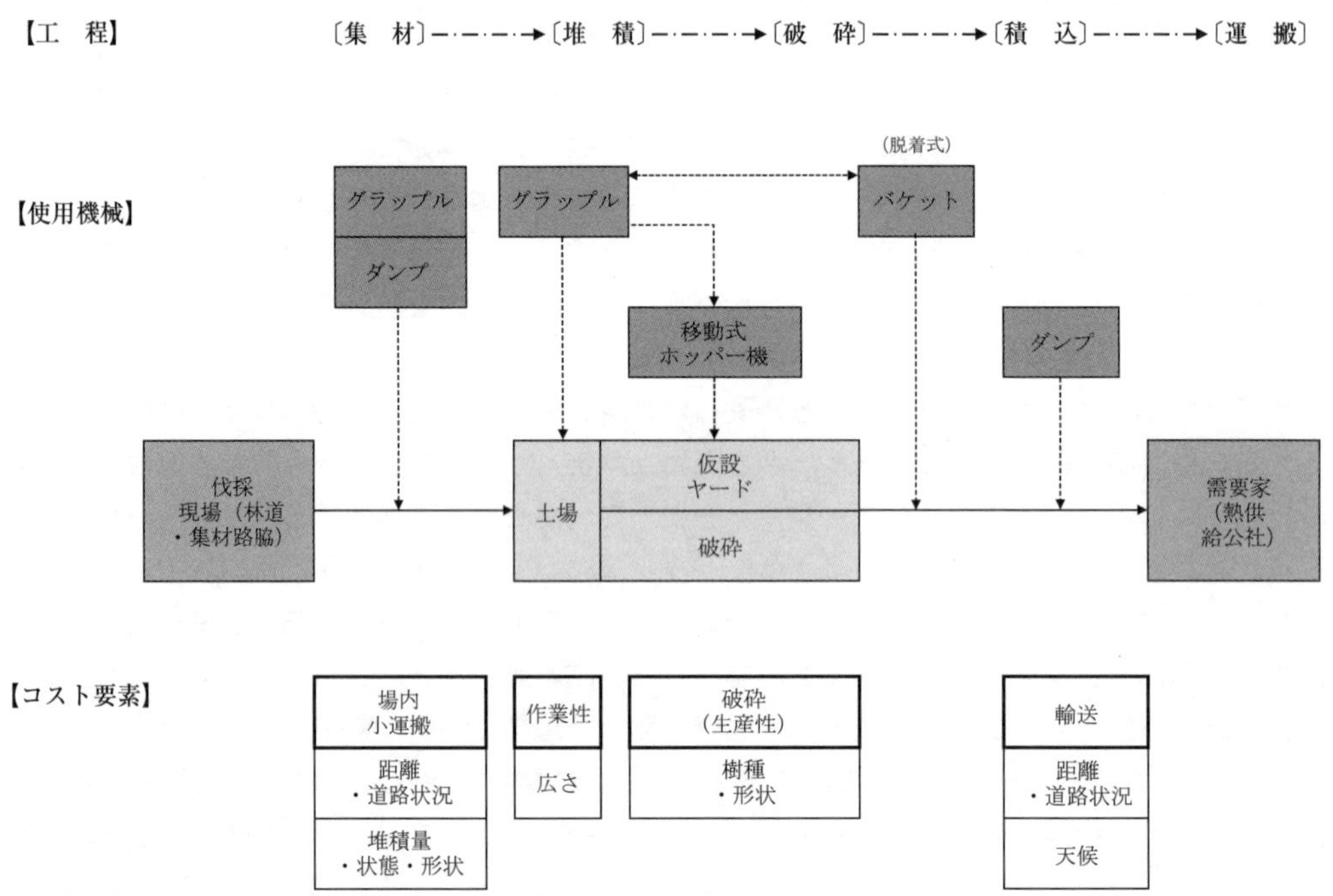
【工　程】
〔集　材〕
〔堆　積〕
〔破　砕〕
〔積　込〕
〔運　搬〕
【使用機械】
グラップル
ダンプ
グラップル
(脱着式)
バケット
移動式
ホッパー機
ダンプ
伐採
現場（林道
・集材路脇）
土場
仮設
ヤード
破砕
需要家
(熱供
給公社)
【コスト要素】
場内
小運搬
距離
・道路状況
堆積量
・状態・形状
作業性
広さ
破砕
(生産性)
樹種
・形状
輸送
距離
・道路状況
天候

図6　集荷工程

表1　実証試験（2現場）

場所	管理	所有者	林小班	樹　種	林齢（年生）	面積（ha）	出材（m³）	伐採方法
石狩市厚田（望来）	石狩市森林組合	酪農学園大学演習林	1052－25	トドマツ	26・32	1.46		定性間伐（伐り捨て）
			1052－84	〃	26・32	2.02	74.74	列条間伐（搬出）
			〃	〃	26・32	2.75		定性間伐（伐り捨て）
			合　計			6.23	74.74	
千歳市泉沢	千歳市森林組合	伊藤組農林	78－51	トドマツ	43	0.72	55.835	列条（20m）間伐（搬出）
			79－69	カラマツ	46	4.83	466.930	列条（20m）間伐（搬出）
			合　計			5.55	522.765	

写真２　林地未利用材

写真３　林内集材

写真４　現地破砕

写真５　チップ積み込み

表２　林地残材の集荷経費

場所	運搬距離(km)	集荷実績(ｔ)	作業工程単価（上段：金額（円）、下段：%）					
			集材	破砕	運搬	重機等輸送	管理	合計
石狩市	38	103.12	1,864 (10.8)	10,735 (62.0)	2,222 (12.8)	2,133 (12.3)	364 (2.1)	17,318 (100.0)
千歳市	56	170.58	934 (10.3)	4,318 (48.0)	2,104 (23.0)	1,641 (18.0)	73 (1.0)	9,070 (100.0)
トドマツ		91.72	632 (7.0)	2,254 (25.0)	2,182 (24.0)	1,526 (17.0)	68 (1.0)	7,055 (100.0)
カラマツ		78.86	1,104 (12.2)	5,776 (64.0)	1,731 (19.0)	1,526 (17.0)	68 (1.0)	10,206 (100.0)

表3　林地残材チップの生産性

場　所	集荷実績（t）	運　搬		かさ密度（t/㎥）	チッパー機稼動時間（h）	生　産　性	
		台数	t/台			t/h	㎥/h
石狩市	103.12	10	10.312	0.33	40	2.58	7.82
千歳市	170.58	15	11.372	0.34	40	4.26	12.38
トドマツ	91.72	9	10.19	0.45	15	6.11	13.58
カラマツ	78.86	6	13.14	0.40	25	3.15	7.88

石狩の実証試験では、北海道ならではの豪雪に見舞われ、除雪作業などによりチッパー機の稼働率が低くなりコスト、生産性の悪い結果となっています。一方、千歳の現場では搬出期限が決まっていたことから重機を2台投入していますが、本来ならば1台で済むことからさらにコストの低減が可能であることを示唆しています。

このように現場ごと、作業環境により大きくコスト、生産性にばらつきが発生していますが、千歳の事例のように7000円／tを切れるような場所もあり、需要地が近い場合はさらに運搬コストの低減を図ることも可能となります。

本実証事業以降の燃料供給体制については、作業工程ごとのコストを含めおおむね次の通りとなっています（表4）。

表4　林地残材チップの供給状況

現状の燃料供給状況（現地破砕パターン）

	原料	堆積	破砕（現地）	積込	運搬	受入
条件	○樹種は問わない ○小径木・追い上げ材・枝条 ○集荷可能な量の目安として１現場50ｔ以上（枝条は100ｔ） ※近隣（５km以内）の現場を纏めての量でもOK ○枝条は３年程度まで、以外は５年程度まで	○林道及び集材路、又は土場に堆積（混在も可） ○土砂の混入を避ける。 使用機械： グラップル（ユンボ）・フォワーダー・ブル	○距離が50km以上で枝条が多く、100ｔ程度の出材が見込める 使用機械： 移動式チッパー機・グラップル（ユンボ）	○チップ・追い上げ材で10トン程度、枝条は３トン程度の積載量（嵩上げした10トンダンプ使用時） 使用機械： バケット（ユンボ）	○現地の距離による。 使用機械： ダンプ・フックロール車等	○含水率が高い場合、超過分重量を減
写真	 	 	 	 		
費用	500円／ｔ	3,500～5,000円／ｔ	2,000～3,000円／ｔ			

現状の燃料供給状況（工場破砕パターン）

	原料	堆積	運搬～破砕（工場）	積込	運搬	受入
条件	○樹種は問わない ○小径木・追い上げ材・枝条 ○枝条は３年程度まで、枝条以外は５年程度まで	○林道及び集材路、又は土場に堆積（混在も可） ○土砂の混入を避ける。 使用機械： グラップル（ユンボ）・フォワーダー・ブル	○50km以内 ○運搬効率がよい（ダンプにある程度の重量を詰める）		○10ｋｍ以内 ダンプ・フックロール車等	○含水率35% （基準以上は超過分重量を減）
写真	現地破砕と同じ	現地破砕と同じ				現地破砕と同じ
費用	500円／ｔ		3,500～5,000円／ｔ＋保管料などの経費		1,500円／ｔ	

※上記の2パターンについては、年間通して一定量の需要が前提となる。

弊社に林地残材燃料を納入していただいている事業者の中には、林業者が伐倒から燃料化まで実施している貴重な事例があります。この事業者は、全木集材作業を行うことで効率良く残材を集荷できる工夫をし、土場で集積した残材は独自に工場まで運搬、工場のチッパー機で燃料化しています。前述のように分業化して機器の稼働率を向上させてコストダウンを図る方法もあり、集材方法から見直して林地残材を無駄なく利用できるような施業方法を取り入れるなど地域では様々な取り組みが行われています。

需要者側―ストックヤードを整備する取り組み

供給側では様々な手法を用いてコスト削減に努めていますが、林地残材系燃料を利用する場合、需要者側においてもハード、ソフト両面からともに努力する必要があると考えています。林地残材系の燃料コスト低減を図るために弊社では、供給側の作業期間に合わせて燃料の受入れが可能となるストックヤードの整備が必要であると考えました。供給側で短期間のうちに燃料化を効率良く完了し、次の現場に移ることができるようにすることで作業日数が削減され、その分燃料価格を抑えることが可能となります。そこで弊社では、２０１０（平成22）年度に受け入れ体制を拡充するため、従来のストックヤード（730㎥）に加え、さらに1棟（1210㎥）の追加（旧石炭庫の木質バイオマス燃料貯蔵庫への改築）および搬送システムの改造を行いました。この設備整備には林野庁補助事業森林整備加速化・林業再生事業を活用させていただいています。

ソフト面では、当センターのボイラで安定して運用できる水分値は35％WB（湿潤基準）以下であることから、これを受け入れ基準値に設定しています。しかし、林地残材を由来とする燃料は、夏季で40％WB程度、冬季には降雪の影響もあり60％WBと高めで推移します。高水分の燃料については、弊社のストックヤードにて水分値の低い建築廃材燃料と混合調整し見かけ上の水分を下げ利用を可能にしています。

林地残材の利用拡大のためには、供給者、需要者どちらかが一方通行の努力を行うのではなく、相互のことを考えながら地域のための、地域の人による、地域の燃料として作り上げていく必要があると思います。

写真６　UM12A形式コンテナ

木質バイオマス燃焼灰のリサイクルとモーダルシフト

木質バイオマスの燃焼灰は、使用量に対して5％wt（重量基準）程度発生しますが、全量をセメントや再生路盤材の原料としてリサイクルしており、再生可能エネルギーである木質バイオマス燃料を利用しても埋立処分するような廃棄物は一切出ない取り組みとなっています。

セメント原料としてリサイクルしている燃焼灰は、札幌から約３００㎞離れた函館方面にあるセメント工場にて再利用しています。従来、トラックで燃焼灰を輸送していましたが、輸送時のCO_2排出量の削減に努めるとともに安全性を向上させるため、２０１２（平成24）年10月より鉄道へのモーダルシフトに取り組みました。この結果としてCO_2排出量は、燃焼灰10ｔ積載時のトラック輸送0・524t－CO_2／台に対し、鉄道輸送では0・102t－CO_2／台と5分の1に削減できました。さらに密閉コンテナで輸送するため飛散や水濡れなど輸送中のトラブルに対する懸念もなくなり、積雪寒冷時の安全性の向上も図れました。なお、この事業は日本貨物鉄道㈱並びに北海道ジェイアール物流㈱と弊社による協議会を結成し、国土交通省のモーダルシフト等推進事業を活用して開始しました。

また、廃棄物輸送コンテナは、帰り荷が無い状態で着地から回送となっていたことから、この回送コンテナを利用して函館地区から木質バイオマス燃料を輸送する往復輸送実証実験を行い、2013（平成25）年4月から国内初となる廃棄物と木質バイオマス燃料の往復輸送を本格的に実施しています。本取り組みは、グリーン物流パートナーシップ協議会より特別賞をいただきました。

おわりに

森林王国である北海道においては暖房用の熱源としてなど、木質バイオマス燃料の利用が徐々に増えてくるものと思います。しかし、北国ならではの課題として気温が低くなる降雪期には、燃料の凍結や雪の混入により利用が難しくなります。これを解決するために、２０１３（平成25）年度に「札幌エリアにおける木質バイオマス高度燃料集積基地実現可能性調査」を実施し、消費地に近い地域に大きな中間ストックヤードを設け、さらに太陽熱など再生可能エネルギーを利用した林地残材燃料の乾燥施設などを付属することにより年間を通じて安定した利用が可能となることを地域の関係者と確認できました。今後、このような施設整備がなされれば、さらに地域で利用しやすいエネルギーになると考えます。

多くのエネルギーを海外に依存している状況において、再生可能エネルギーの活用は、エネルギー自給率を向上させるとともに限りある化石燃料を次世代へと引き継ぐことにもなり、今後も熱供給事業を通じたこれらの取り組みを継続していきたいと考えています。

事例編２

林地残材の集荷支援

雲南市森林バイオマス推進事業・林地残材活用推進事業
市民参加型収集運搬システム

島根県雲南市産業振興部農林振興課

森林資源によるエネルギーの地産地消で地域活性化を

雲南市は、2004（平成16）年に6町村が合併した市で、人口4万1927人（2010〈平成22〉年国勢調査）市総面積553・4㎢、その内約8割を森林が占める典型的な中山間地域であり、山間部に広がる谷合の集落に多くの市民が暮らしています。かつては、良質の砂鉄や豊かな森林資源の活用により「たたら製鉄」が盛んに行われており、稲作を代表とする地域の農畜産業と融合して豊かな里山集落を築いていた地域です。

しかし現在では、その山間部を中心に少子高齢化が進み、合併以降10年間で約5000人の人口減、高齢化率32・9％（２０１０〈平成22〉年国勢調査）と、島根県の10年後、日本の20年後を先行している状況であり、集落生活の維持について、多くの課題に直面しています。

雲南市の総面積の約８割は山林で占められており、人工林率は約45％でその多くが戦後に植栽され伐期を迎えています。このように森林資源を豊富に有している一方で、森林の整備（間伐等）は一部の森林に留まり、多くの伐期・間伐期を迎えた森林が放置された状態にありました。

そこで、こうした山林資源の活用を図ることで里山を中心とした暮らしを再興し、今後も持続可能な地域を実現するため、林地残材等の未利用資源を地域・市民総がかりで最大限活用する地域力向上モデルの実現を目標として取り組みを開始しました。

２００９（平成21）年度から関係者が集まって協議を重ねた結果、豊富な森林資源を原資として里山の新たな経済価値を地域・市民総がかりによるエネルギーの地産地消から生み出して行こうとする「里山のエネルギー利用の推進」を施策として位置づけました。

その結果、市民・地域が主役となり森林に残され未利用となっていた間伐材などの林地残材を搬出し、これを収集、保管、チップ加工して市内の温浴施設などでエネルギーとして活用を図る「森林バイオマスエネルギー事業」を開始しました（図１）。森林資源を活用した地産地消のエネルギー循環を創出し地域活性化につなげていく取り組みとして次の効果を期待しています。

①化石燃料等の利用で外部に流出していた価値を地域で循環させること（経済効果）
②豊富かつ再生可能な森林資源を継続利用することで地域環境の向上・維持に寄与すること（持続可能性）
③市民・地域が取り組みの主体となることで地域・集落が活性化すること（地域活性化）

雲南市森林バイオマスエネルギー事業

「雲南市森林バイオマスエネルギー事業」は、市、民間企業および市民が一体となって、林地残材の搬出（上流）、残材の集積・チップ等への加工（中流）、公共温浴施設等での木質チップボイラー等の設置によるエネルギー利用（下流）の新たな地域内の流れを作ることで、森林（里山）を活用した持続可能なバイオマスエネルギー利用システムの構築を図っています。この木材利用システムを上・中・下流の取り組みに分割して説明します。

図1　雲南市森林バイオマスエネルギー事業（スキーム）

⑴「市民参加型収集運搬システム」の構築（上流）

本市のバイオマスエネルギー事業の特徴の1つが、市民参加による林地残材の収集・運搬システムです（図2）。雲南市のバイオマス事業は、市内の森林が適正に管理されることによる里山の復活を目的の1つとしているため、対象とするエネルギー源である木材はあくまで市内森林由来のものとしています。そのため、木材価格の低迷や山林所有者の世代交代などで、失われた林業への関心を、林地残材を活用する仕組みをつくることで復活させ、里山社会の主役である市民の経済的価値観や自然環境・景観保全に対する意識の向上を図ること目的としています。

この市民参加型収集運搬システムは、市民が雲南市内の山林（自己所有山林、市有林の一部等）から搬出した林地残材1t当たりに対し、現金2000円と地域通貨「里山券」4000円分（合計6000円）が支払われる仕組みです。

市民参加に際しては、作業を安全かつ効率的に行うことができるように、講習会を受講した市民が事業参加者となる登録制（条件：市内在住もしくは家族に山林所有者がいること。18歳以上であること）を導入しています。システムの運営ルール（材の受入期間および土場の立会い受入日の設定や里山券の発行方法、バイオマス事業の基礎知識（森林整備、林地残材の収集・

市民参加型収集運搬システムのイメージ

既に山林に倒されている残材を市民が搬出することが目的

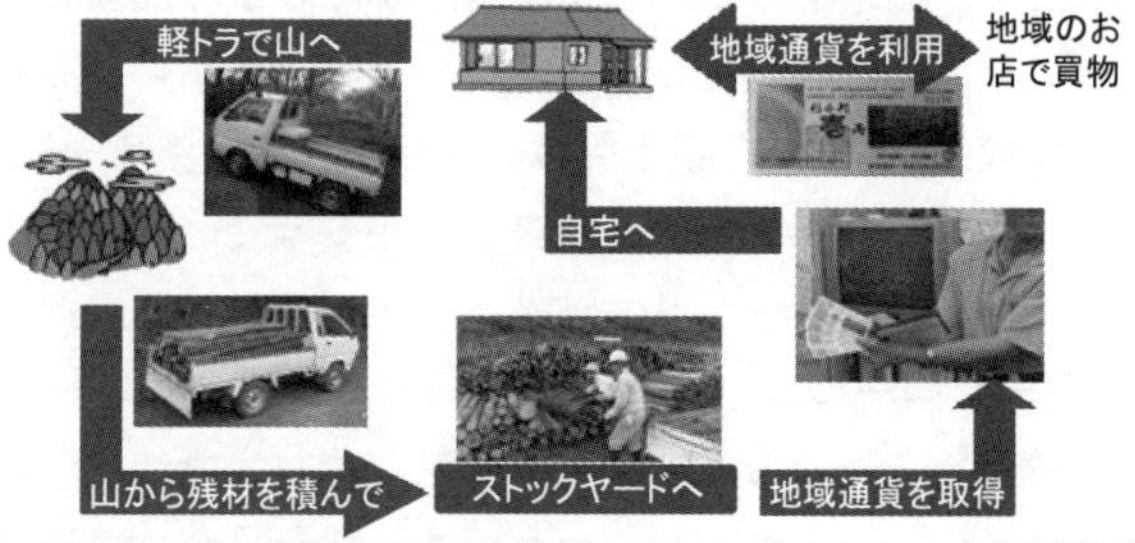

※「林地残材」・・・山林に残された未利用木材

間伐した後の山には、残材があります。

①皆さんに山に入ってもらいます。

②残材を造材・集材します。

③土場に運搬します。

④残材１tに対して6,000円相当が支払われます。（残材の対価として2,000円/t、地域通貨として4,000円/t を支払います。）

⑤地域通貨は地域の里山券取扱店で使えます。

平成24年度モデル事業として吉田町・掛合町で実施、平成25年度より市内全域を対象に本格実施

図２　市民参加型収集運搬システムのイメージ

搬出、木質バイオマスエネルギーの熱供給等）の説明を行う講義と、チェーンソーの目立て・安全講習、造材講習を通じて必要な技能を習得するための実技を行う講習会を年に4～5回程度開催しており、システム登録者数は２０１５（平成27）年3月末現在で２６７名となっています（図3、写真1）。

ストックヤード（土場）への持ち込み可能な木材には、市内の山林から搬出された木材（竹は不可）で、末口直径が10～40㎝、長さが１００～４００㎝、枝払いをしてツノや枝葉が付いていないもの、腐敗なくおおむね1年以内に搬出したもの、などの規格を設けています。林地残材の収集量は、２０１２（平成24）年度が２５０ｔ、２０１３（平成25）年度が７４５ｔ、２０１４（平成26）年度は１２１５ｔと年々増加しています。

また、地域通貨「里山券」の取扱店登録は93店舗となり、２０１３（平成25）年度には２９４４枚、２０１４（平成26）年度は４７６８枚が発行され市内の各商店で利用されるなど、地域経済の活性化に一定の成果を上げています（88頁、図4）。

こうして、これまで未利用であった林地残材をエネルギー資源として利活用することで、市民の森林への興味関心を復活させ荒廃していた森林の整備を進めるきっかけとするとともに、地域通貨の活用による地域経済の活性化につなげていくことができる取り組みとしています。

第〇〇〇号
雲南市森林バイオマスエネルギー事業
市民参加型収集運搬システム登録証

写真

氏名　雲南　太郎
（昭和〇〇年〇〇月〇〇日生）
住所　雲南市加茂町南加茂1204
上記の者は、必修講習を修了し、
登録したことを証明する。
合同会社　グリーンパワーうんなん
平成〇〇年〇月〇〇日発行

図３　市民参加型収集運搬システム登録証

写真１　市民が事業参加者となる登録制を導入。そのための講習会を年に４～５回開催している

地域通貨「里山券」

・林地残材１トン当り４枚発行
・１枚当り1,000円分の買物可能
・千円未満の使用ではおつりなし
・市内取扱店舗のみで使用可能
・有効期限：平成28年２月29日まで
（平成27年度）

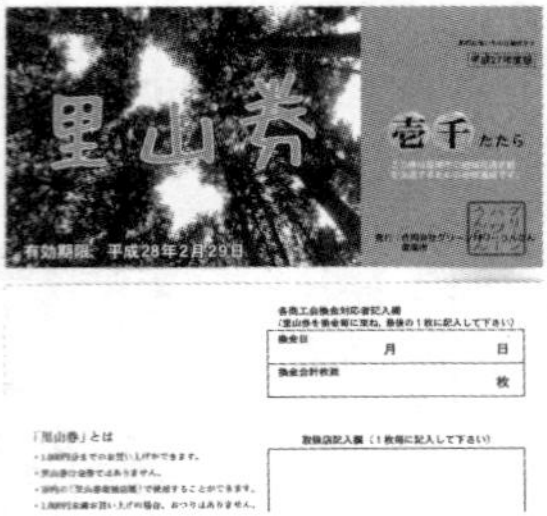

取扱店舗の登録状況
93店舗（H27.3月末現在）

大東町　13店舗　加茂町　12店舗　木次町　19店舗
三刀屋町　14店舗　吉田町　11店舗　掛合町　24店舗

主な取扱店：食料品、酒類等の商店、給油所、総合スーパーなど

図４　地域通過「里山券」と取扱店舗の登録状況

⑵合同会社グリーンパワーうんなんの設立（中流）

森林バイオマスエネルギー事業の推進を図る上で、不安定な燃料調達や価格、メンテナンス面での課題が木質チップボイラーの普及を阻害している要因と分析しました。このため、公共施設等の熱供給需要を把握し、木質燃料の供給・加工流通を、計画的に実施し、安定的なエネルギー供給を行う事業体を設立する必要があると判断しました。

そこで、森林資源の搬出・収集からチップ加工・運搬、ボイラー運営という熱供給までの一連の流れを一体的に行う事業体の設立を官民一体となって進め、２０１２（平成24）年６月に市内企業等７社により、「合同会社グリーンパ

写真２　合同会社グリーンパワーうんなん。雲南市木材流通拠点施設内に設置されている

ワーうんなん」（１００％民間出資）が設立されました（写真２）。

「合同会社グリーンパワーうんなん」は、市内の森林組合や林業会社、木材運搬・チップボイラーの製造販売・チップ加工業を行う建設会社等で構成され、各々の専門分野の経験、人材、機材等を活かし一連の作業を実施することで、市内の公共施設への安定した熱供給を行うための事業体であり、森林バイオマスエネルギー事業を循環させていくための軸と考えています。「市民参加型収集運搬システム」運営についても、市の委託を受け木材の受け入れ、市民講習会や里山券の発行等を実施し、公共施設のチップボイラーへの燃料供給と一体的に行っています。

(3)森林バイオマスのエネルギー利用について（下流）

市内の森林資源をエネルギー利用することは、化石燃料・電力等の代替として市内でのエネルギー自給を行うことであり、地域外への依存から地域内での新たな資源と経済の循環を生み出すという効果があります。

雲南市の森林バイオマスエネルギー事業では、公共施設（福祉施設、温浴施設等）への木質チップボイラーの整備を進め、２０１４（平成26）年度末までに3基の木質チップボイラーが稼働を開始しており、２０１５（平成27）年度にさらに1施設導入しました。木質資源の燃料としては、ペレット、薪等が挙げられますが、市内にペレット製造施設がないこと、チップであれば大規模に新たな施設整備をすることなく市内で生産可能であること、ボイラーへ自動で燃料供給が可能であることなどの理由からチップを選択しています。

今後は、継続して公共施設等へチップボイラーを整備するとともに、農林業施設など新たな利用先でのエネルギー利用を推進したいと考えています。これまでに導入したチップボイラーではスギ・ヒノキのチップを中心として利用しており、一方で市民参加型収集運搬システムでは広葉樹の木材も集まってきていることから、今後は薪による事業展開を実施する予定です。

安定的かつ継続的な林地残材の収集体制を

今後の課題としては、第一に木質チップボイラー等の整備による林地残材の需要の増大に対応できるように、林地残材の収集を安定的かつ継続的に行うことできる体制整備の構築が挙げられます。２０１４（平成26）年度も搬出可能であった登録者のうち実際に木材を搬出した人数は82人と全体の35％に留まっており、そのうち約7割の方が搬出量10ｔ以下となっています。このことから、今後は登録者の人数を増加させるのに合わせ、搬出能力の向上にも努める必要があると考えています。

現在、市民参加型収集運搬システムでは登録者が個人の活動として取り組まれている事例が多いですが、より安全で効率の良い搬出を行う供給システムとしていくためには、複数の登録者で形成する地域組織への呼びかけやシステム登録者のグループ化の推進が必要と考えています。今後は市民グループを対象としたウインチなど小規模な林業機械を使用する伐倒講習、木材搬出講習を各地域の森林において実施する予定としており、地域林業の新たな担い手としてより高い技術を持った登録者グループの育成を行います。これに併せ、所有者が施業できない山林や林地残材のある森林の情報を集め、これを市民グループが地域の担い手として管理していく集落営林の実現を模索していきます。

一方で、参加いただいた市民登録者の中には、このバイオマス事業ができたことで自分の育ててきた木が活用できて本当にうれしいとの声もあり、中には年間100t以上搬出される方も出てきています。さらに、地域組織からさらなるレベルアップのための機械導入や技術講習開催の要望があるなどこれまでになかった林業への市民の取り組みが開始されてきていると感じています。

この流れを切らないよう、これまでの登録者講習に加え、立木の伐倒や林業機械の使用方法を学ぶ研修を2015（平成27）年度より開催しています。また、市民の方からの「自分は林内作業車で長い材を出せるのに軽トラックに積むがために玉切りや運送にばかり時間がかかる。なんとかならないか」との意見を受け、軽トラックでは運べない長い材を中型トラックで回収する事業を試験的に実施する予定です。さらに、農都交流事業（農村である当市が抱える課題を移住希望者や企業等の人材育成などを目的とした研修メニューとして提供する取り組み）の中で森林バイオマス体験として林地残材の収集・運搬を1つのメニューとして実施して

写真３　2015（平成27）年１月に稼働した「おろち湯ったり館」のチップボイラー

おり、市外の人にも森林整備に関わっていただけるような仕組みづくりを考えています。

第二の課題としては、事業全体の安定した運営です。そのためには軸となる合同会社グリーンパワーうんなんの経営安定が重要で、チップボイラーの性能が十分に発揮できるよう良質のチップ製造を低コストで継続するなどして収益性を上げていく必要があります（写真３）。特にコストを低減していくためには、チップの含水率を下げておくことが必要で、そのため原木の管理手法などはまだまだ改善の必要があります。また、収集された林地残材のうちチップ燃料とするのはスギ、ヒノキが中心ですが、広葉樹もかなりの量が搬出されています。これに付加価値を付けて流通させる取り組みとして現在薪に加工しており、この冬より販売を開始します。

また現在、バイオマス材を扱うストックヤード隣接地においての用材の販売に向けた準備をしています。森林組合等の林業事業体が林地残材を搬出すると現在の生産システムでは採算がとれないため、出せば出すほど収益性が悪くなる問題があります。この解決策として、市内ストックヤードで用材販売を行うのに合わせ、山林からチップ材もまとめて収集した後にストックヤードで選木・仕分けを行う、用材規格より長く木材を収集して土場で切るなどの作業方法への変更を検討し、これまで林地残材になっていた部分を収益性を落とすことなく引き出せないかの実証をしたいと考えています。

このように雲南市はバイオマス事業を契機として、市民が木材を搬出し、エネルギー利用により生まれた利益が地域通貨として還元され、また新たな木材が搬出される、その循環が生まれることで市内森林（里山）が再生され持続可能な地域が実現される事業モデルを目指し活動しています。

豊田市木質バイオマス活用促進事業
林地残材をゴミ処理場の助燃剤として購入

愛知県豊田市森林課
主査　三宅　学

清掃施設課と森林課の思惑が合致

愛知県豊田市では、市民等が排出する可燃ごみを焼却する施設として豊田市渡刈《とがり》クリーンセンター（以下、クリーンセンター）を所有しています（写真１）。２００７（平成19）年３月に竣工したクリーンセンターは、１日当たり約４００ｔの処理能力を有していて、焼却過程により生じる熱量で発電（約６８００kW）を行うことで、その売電益を施設の運営経費に充てています。２０１４（平成26）年度は、年間のごみ焼却量が約９万６０００ｔに対し、年間の発

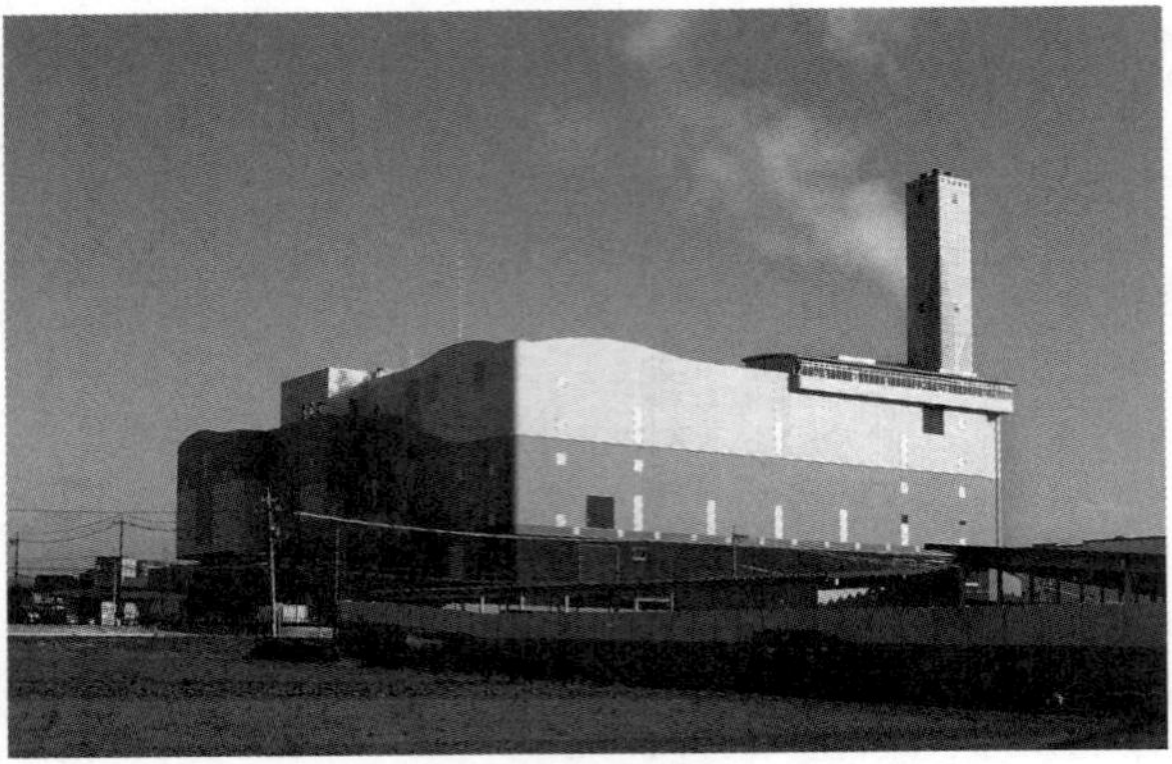

写真１　豊田市渡刈クリーンセンター全景

電電力量は約４万６４００MW（メガワット）時でした。

クリーンセンターを所管する清掃施設課は、従来、生ごみのような水分量が比較的多い可燃ごみを焼却することで、炉内温度が低下するのを防ぐため温度維持用に大量の都市ガスを使用してきました。しかし近年、地球温暖化対策や循環型社会の形成等、環境上の視点が重視され、化石燃料への依存から脱却する必要性が生じてきました。また、炉内環境の安定化や発電量を増加させるためには、ごみの発熱量を向上させるとともに、ごみ質をできるだけ均質化することが重要なファクターであり、その改善策を検討していました。

２００５（平成17）年４月の市町村合併により、新たに設置された森林課は、創設当初から団地化を始めとする施策により間伐を中心とした森づくりを積極的に進めてきました。しかし、市場価格より生産経費が高く採算が合わない小径木等の間伐材が活用されていないという課題があり、有効な手立てを模索していました。一方、地域の森林所有者は、木材価格の低迷や高齢化、後継者問題等により、施業に対する意欲を維持することができず、この20～30年で自伐林家と呼ばれる方々はほとんどいなくなりました。このままでは森林に関する興味がさらに薄れ、人工林が荒廃してしまう可能性があり、２０００（平成12）年の東海豪雨のような災害が再び発生してしまう危険性もあることから、価格をきちんと提示するとともに、搬出先を確保することで、森林所有者のやる気を再度高揚させ、地域の活性化につなげることができないかと検討していました。

市町村合併と同時に合併した豊田森林組合（以下、森林組合）は、組合の規模は大きくなりましたが、大ロットの小径木の販売ルートは確立されておらず、その販売先を確保することで、さらに木材利用を進めるとともに、利用間伐の事業地を拡大したいという意向がありました。また、森林組合本所には市場機能を有する木材センターが併設されており、その木材センターから発生する大量の樹皮や端材の処理が課題でした。従来、それらは廃棄物として処分料を支払って処理してきましたが、その経費が高額であることから、コストの削減方法を検討していました。

こうして、清掃施設課および森林課の両者の思惑が合致したことで、Win-Win（森林組合や森林所有者まで含めると、Win-Win-Win-Win）になるよう、２００８（平成20）年度から協議を重ね、２００９・２０１０（平成21・22）年度に試行・検討し、２０１１（平成23）年度から新規の補助事業として「豊田市木質バイオマス活用促進事業」（以下、当補助事業）をスタートしました（クリーンセンターは、当補助事業の創設と同時に、市内の民間業者から木質チップや竹チップを買い取り、助燃剤として同様に活用する事業も開始しました）。

豊田市の概要と特色

当補助事業の詳細について説明する前段として、豊田市の森林に関する概要と特徴を説明します。

豊田市は、２００５（平成17）年４月の市町村合併によって、市の面積約９万２０００haのうち約６万３０００haが森林を占めるという広大な森林都市になりました。２００７（平成19）年３月に「豊田市１００年の森づくり構想」を発表し、その中でスギ・ヒノキの人工林が

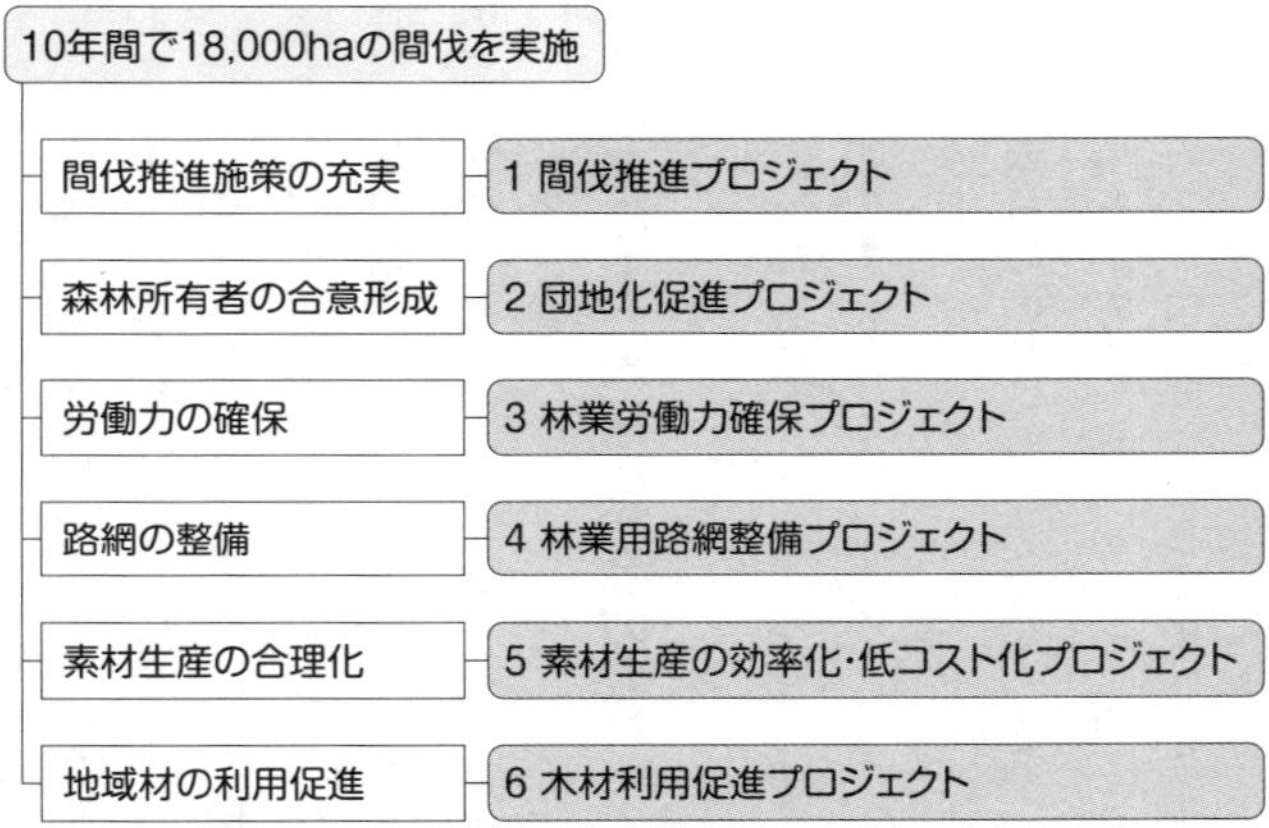

図１　第２次豊田市森づくり基本計画における重点プロジェクト

約３万haあり、そのうち間伐遅れの過密人工林が３分の２に当たる約２万haと推定し、森林の公益的機能の回復を最重要課題としてスギ・ヒノキの人工林の間伐を進めています。

「豊田市１００年の森づくり構想」を実現するために、「豊田市森づくり基本計画」を策定し、その中で６つの重点プロジェクトを掲げました（図１）。そのうちの１つが「団地化促進プロジェクト」です。平成19年度から、森林課と森林組合、および主に町（大字）単位の森林所有者で組織する「地域森づくり会議」とが一緒になって、団地化を中心とした森づくりを推進しています（「団地化促進プロジェクト」については、『現代林業』２０１３年６月号20頁に詳しく掲載されていますので、そちらを参照してください）。そして、今回の内容でもある木質バイオマス利用については、「木材利用促進プロジェクト」の1つに位置付けられています。

なお、当地域の特徴としては、私有林が森林面積の約9割とほとんどを占め、その多くが1ha未満の零細な所有規模であること、林業事業体や自伐林家の数が少なく、市内のほとんどの森林施業が豊田森林組合によって実施されていることが挙げられます。こうした事情から、森林組合と森林所有者（組合員）との信頼関係は良好な状態に保たれています。

事業フロー（木材とお金の流れ）

それらを踏まえて、図2の当補助事業の事業フローをご参照ください。左が人工林、真ん中が森林組合、右が市（クリーンセンターおよび森林課）です。それぞれの間を、木材の流れ（黒塗りの矢印）とお金の流れ（白抜きの矢印）で示してあります。

まず木材の流れについて説明します。豊田市内の人工林から生産（搬出）される木材には、主に森林組合が森林所有者から委託を受け利用間伐として生産する木材（図の上側）と、森林所有者自らが自力間伐として生産する木材（図の下側）の2つの流れがあります。

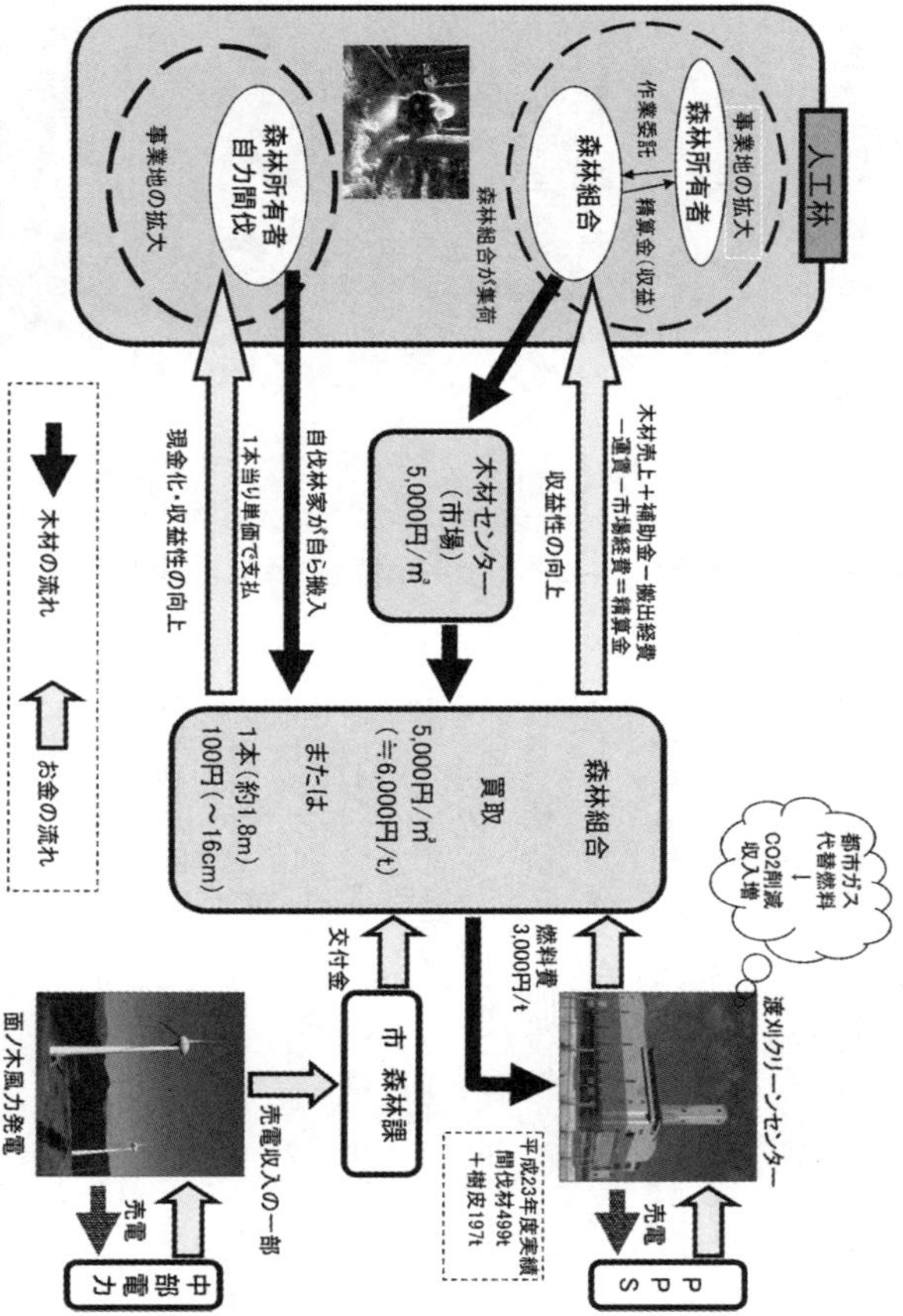

図２　豊田市木質バイオマス活用促進事業フロー

写真２　渡刈クリーンセンターに持ち込まれた小径木

前者のうち、良質材（A材等）は、市内外にある取引価格の高い市場等に持ち込まれます。しかし、多くの小径木等については、競争原理が働きにくく、価格も安いため、木質バイオマス利用を前提として、森林組合の木材センターに搬入されてきます。

一方、後者については、少数ですが、市内にいる自伐林家自らが間伐し、自ら所有するトラック等で木材センターに搬入します。そして、集積された間伐材等は、クリーンセンターが必要なときにトラックで木材センターまで取りにくるという仕組みになっています（写真2）。利用間伐の場合、伐倒からトラックへの積み込みが可能な場所までの搬出経費は造林事業の補助対象となりますが、市場への輸送および市場経費等は森林所有者の負担となります。それらの経費を小径木等について積算すると、１㎥当たり約５０００円となりました。このことから、森林組合が今まで放置されていた林地残材を木材センターで１㎥当たり５０００円で買い取ることにより、受託生産事業における森林所有者の手取り金額を増やし、木材搬出量の増加を促すことにしました。

また、自力間伐を行う森林所有者に対しては、１本当たりの買取単価を決めて買い取りすることにしました。この単価は、軽トラックの荷台長を考慮して、長さは１・８ｍ、末口直径８㎝以上16㎝未満の材を１本１００円、16㎝以上の場合を１本２００円となりました。

一方、市は、クリーンセンターで使用している都市ガスの代替燃料として、小径木等の買取価格を１ｔ当たり３０００円で森林組合から購入することが妥当であると算定しました。

当補助事業では、１㎥当たり５０００円を１ｔ当たり６０００円と換算し、木材センターにおける森林組合の買取価格１ｔ当たり６０００円（＝１㎥当たり５０００円）と、クリーンセンターが森林組合から購入する価格１ｔ当たり３０００円との差額の１ｔ当たり約３０００円を補助単価に設定しました。これにより、森林組合は赤字を出さないで済むことになります。また、樹皮は従来廃棄物として処理費を支払って処理していましたが、この事業と併せて引き取ることとし、経費の大幅な削減ができました。

なお、クリーンセンターが発電した電気を売り、収入を施設運営に充当していることは前述しましたが、市では他にも、市内の最北端にある稲武地区の面ノ木峠に風力発電施設を3機所有しており、その売電で得られた収入の一部を当補助事業の財源に充てています。

制度を軌道に乗せるための工夫

市は、前述した「団地化促進プロジェクト」に加えて、「林業用路網整備プロジェクト」や「素材生産の効率化・低コストプロジェクト」に基づき、団地化した事業地から高性能林業機械等を活用して、低コストで木材生産し、採算性を高めるよう努めています。当補助事業が利用間伐推進の鍵となるC・D材活用に有効であると考えており、その要となる森林組合に期待して、様々な協力や支援をしてきました。

また、自力間伐を行う森林所有者に対しては、市の広報やホームページのほか、団地化における森づくりの説明会や施業提案会、森林組合の総代会および地区懇談会等で説明したり、森林組合による組合員への季刊通信「ウッディとよた通信」に情報を掲載するなど、当事業の活用を促しています(図3)。

ウッディとよた通信

豊田森林組合木材センターよりお知らせ!

自力で間伐をされている皆さんへ

豊田市
木質バイオマス
活用事業

豊田市では、平成23年度から間伐によって伐採された小径木を、化石燃料に頼らない助燃材（木質バイオマス）として、買い取りを始めました。

小径間伐材を買い取ります。

※木質バイオマスとは、化石燃料と同様に、燃やせば二酸化炭素を発生させますが、それはもともと空気中にあった二酸化炭素を植物が育つ過程で取り入れたもの。化石燃料のように発生させるばかりではなく、植物がまた育てば二酸化炭素を循環させられるものです。

買い取り規格など

規　格

長さ	太さ	樹種
1.8m～2.2m ※軽トラ荷台に収まるサイズでお願いします。	末口8センチ以上 ※但し、元口の太さは30センチ未満のもの。	スギ、ヒノキ、マツ ※雑木の買い取りは不可

対象者

豊田森林組合員
（同居親族、相続代表者も可）

買い取り価格

末口8センチ～16センチ未満	1本あたり100円
末口16センチ～28センチ以下	1本あたり200円

木材搬入場所

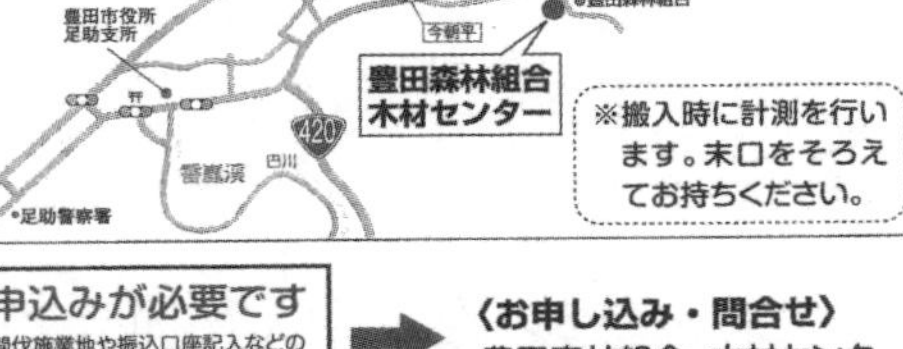

事前申込みが必要です
搬入時に間伐施業地や振込口座記入などの手続きが必要です。そのため、買い取りを希望される方は事前にお申し込みください。

〈お申し込み・問合せ〉
豊田森林組合　木材センター
TEL 0565−62−0245

7

図３　森林組合による組合員への季刊通信に掲載

実績

当補助事業は2011（平成23）年度から開始し、2014（平成26）年度までの実績は、表1のとおりです。単価が1t当たり3000円になっていないのは、豊田市木質バイオマス活用促進事業補助金交付要綱の規定で、『間伐材の重量に1t当たり3000円を乗じた金額と、実際に間伐材の買取りおよび当補助事業に係る事務経費の合算額の2分の1を比較し、いずれか低い金額を補助金額とする』という規定があるためです。

2014年度を除いて、間伐材の取扱量が400tを超え、事業費も2000万円、市の補助金額も1000万円を上回っているため、木材の利用拡大には一定の効果があると考えています。2014年度の減少の理由は、森林組合の受託事業による生産は例年並みだったものの、安定的な生産が困難な自伐林家による持ち込み量が3分の2に減少してしまったことが主なものです。

その原因ははっきりしませんが、豊田市の旭地区において、地元の有志で組織する実行委員会が主体となって取り組み、優良事例としても全国に発信されている「旭木の駅プロジェクト」

表１　実績一覧表

年度	間伐材（小径木）			樹皮取扱量[t]	事業費[千円]	単価[円／t]	市補助額[千円]
	受託事業[㎥]	個人持込[本]	合計取扱量[t]				
2011年	368	7,922	499	197	3,058	2,896	1,446
2012年	161	15,586	465	236	2,999	2,915	1,357
2013年	158	12,066	461	243	2,409	2,227	1,027
2014年	151	8,005	266	323	1,840	3,000	799

があり、年間約３２０～３７０ｔの木材利用がされているのですが、そこから派生する形で「あさひ薪づくり研究会」が昨年度から発足し、木材利用がさらに推進されたことや、最北エリアの稲武地区においては、足助地区にある森林組合の木材センターよりも近いところに民間の土場があり、一般の森林所有者からの受入れも行っているため、そちらに搬入される方もいることが考えられます。森林所有者は、複数の選択肢から利用しやすいところを活用しているのが実情となっています。市としては、今後当補助事業を積極的に活用して高齢化により減少している自伐林家の意欲が少しでも向上し、間伐等の森林整備や木材利用がさらに進めばと考えています。

最後に

豊田市では、２０１４年の12月に中核製材工場の誘致を発表し、２０１８（平成30）年度の稼働に向けて事務を進めているところです。その検討の中で、木材流通を促し、Ａ・Ｂ材はもとより、Ｃ・Ｄ材のさらなる活用も検討しています。また、全国的にも、木質バイオマス活用の動きが活発になってきており、取引価格が１ｔ当たり６０００円を超えるなど、周りを取り巻く状況が徐々に変わってきています。その時々の状況を正確に把握し、この地域に合った取り組みを今後も模索し、木材の有効利用を進めていきたいと考えています。

「木の駅」〜林地残材収集から始まる仲間づくり・森づくり

ＮＰＯ法人地域再生機構、木の駅アドバイザー
丹羽　健司

全国に広がる「木の駅」

全国各地で木の駅プロジェクトが始まっている。「木の駅」は、不揃いの林地残材や間伐材を相場（２０００〜３０００円／ｔ）より少し高い価格（４０００〜６０００円）で買い取り、大型スーパーでなく地域の商店だけで使える地域通貨で支払う仕組み。「軽トラとチェーンソーで晩酌を」を合言葉に、あまり規格を気にせず農産物を道の駅に気軽に出荷するように、気楽に山から木を出してお小遣いにして森と地域を元気にしていこうというものだ。その運営は木

写真１　土場で荷降ろしする仲間たち

の駅実行委員会のように中学校区ほどの単位で住民により自主的に組織される。その中で財政運営からルールなどすべてが議論・決定され、発生する逆ザヤ（過払い分）は寄付をはじめ助成金、森林環境税などの多様な手法で補填されている。

山主らが山仕事グループ結成

「山が手入れされずに荒れていることはよくわかった。私も山がなんぼかあるけど、放ったらかしでいいとは思っていない。しかし、自分の山がどこにあるか、その境界もわからん。それは自分だけでなく、同級生や仲間たちみんなそうだ。何とかしたいけど、どうし

写真２　杣組の林内作業車。ノボリのキャッチフレーズのように、自山だけでなく他人の山をも請け負う

たらいいのか」

２００８（平成20）年９月、岐阜県恵那市中野方町での「森の健康診断」報告会。地元で木工所を営む当時55歳だった鈴村光司さんの苦悩の発言だった。

光司さんは、その後開催した山仕事研修に参加して持ち山をバリバリ間伐、１年で60㎥を出荷した。本人いわく「あれから地元で変人になった」と笑う。その姿を見て鈴村今衛さん（笠周木の駅実行委員長）は「杣組（そまぐみ）」結成を決意した。これまで、この地域には「杣さ」といわれるプロが伐採を請け負っていた。それがみんないなくなって、山も荒れ放題になった。自分たちで技術を身につけて、自分の山だけでなく他人の山も請け負えるようなグループ「杣組」結成のきっかけは、冒頭の光司さんの発言とその後の変容だった。

2009(平成21)年5月、今衛さんは仲間を募って17人で「杣組」を結成した。同じころ私は、高知県の「土佐の森・救援隊」(※)の活動に触れて感動していた。さっそく今衛さんに報告したら、「中野方で始めてくれんさい。地元はすぐ対応できるようするから」と即答。杣組とNPO法人夕立山森林塾の共同で取り組むことになった。10月に説明会と現地研修、そして12月にキックオフとスケジュールだけは決まった。

※土佐の森・救援隊/2003(平成15)年、高知県いの町で設立されたNPO法人。副業的自伐林業を全国で普及している。モリ券(地域通貨)などの仕組みは、「木の駅」のモデルとなっている。

全国で使える標準モデルを

まずは出口(販売先)の確保が急務。岐阜県金山町の株式会社金山チップセンターの河尻和憲社長を訪ねた。氏は環境省のプロジェクトの委員仲間であり、島﨑森林塾(※)の同窓でもあって飛び込んだ。「山に向き合う山主さんが1人でも増えてほしい。会社としても一肌でも二肌でも脱ぐから頑張りましょう」と快諾された。この姿勢は今も揺るがない。一昨年来（２０１２年）の荷余りや価格引き下げで、多くのチップ会社が木の駅に荷受け制限や規格や単価の見直しを求めた中、河尻さんは微動だにしなかった。工場から土場まで片道50km、そして積み込んで３０００円／ｔの販売が確保された。

高知にあって恵那にないものは、巨大バイオマスプラントと計量器と経験だけだと考えた。まず、プラントはなくとも３０００円／ｔで全量チップ出荷できることになったので出口はＯＫ。次に計量器。これは高価なので、どこでもできるモデルが必要と考え、自己検尺・自己申告方式とした。末口と長さをメジャーで計測し、伝票に記入するだけだ。そして各自の置場に積む。それだけで良い。さっそく実験してみたら意外と簡単だったし、これならいつでも自由に持ち込める。そして、出荷者や商店にわかりやすいマニュアルや伝票類を用意した。

これって何かに似ている。そうだ、森の健康診断を最初から全国標準でマニュアル化したのと同じ手法だった。森の健康診断の測定器具を１００円グッズで揃えたのと同じように、必要なものを安価でシンプルなものにした。そして全国どこでも真似できるよう、全てのノウハウをオープンにした。メジャーとチョークと伝票……。合わせて200円もしない。あとは出荷者を信じるのみ。計算はエクセル表計算で、ものの数分で出荷伝票から受取精算書のプリントアウトまでできるようにした。

※島崎森林塾／KOA森林塾のこと。島崎洋路・元信州大学教授が提唱する実践的な山造りノウハウを学べる研修機関。

山と村と人が成長する

2009（平成21）年12月、16日間の社会実験で9戸54tが集まった。2010（平成22）年3月に報告会を聞き、全国から170人が集まった。ノウハウを公開し、報告書にまとめた。2010（平成22）年の秋、出荷者から声が上がった。「事務局も、ボランティアばかりでは続かないから、5%でも手数料を取ってくれ。資金繰りも厳しいはずだから、一口5000円で出資金を集めよう」。そんな提案が地元から出て、浄財が集まった。「志～材」（寄付の材）も集まり始めた。いろんな思いやりや志が集まり始めた。2011（平成23）年からは実行委員会体制に移行し、隣接する笠置町と飯地町と合体して、名称も「中野方木の駅」から「笠周

写真３　2009（平成21）年12月、16日間の実証実験で９戸から54ｔが集まった

（りっしゅう）木の駅」となった。

その秋からは、恵那市南部の花白温泉の薪ボイラー導入事業に薪を供給し始め、同時に枝材出荷も始まった。ヒノキの枝材が小銭になる。板材の死節穴を埋める需要があり、１本40～80円で引きとられることになった。女性や高齢者の小仕事ができた。

同じく２０１１（平成23）年春からは、恵那市が逆ザヤ補填３０００円／ｔを助成することになり、翌２０１２（平成24）年からはその半額を、岐阜県の森林環境税が負担することになった。おそらく県の森林環境税としては全国初の制度だろう。ありがたかった。行政もつながり始めたのだ。

２０１４（平成26）年２月、「今年の初

市で、僕の出したヒノキが12万円／㎥の値を付けた」とあの光司さんがドヤ顔で言う。裏山の目通し１ｍの天然ヒノキを、自分で伐って市場に持ち込んだ。「大径木ならお任せかな」と自信満々。最近は「森の恵みミニログキット」まで商品開発して、地元産ヒノキで製作販売を始めた。木の駅の準備から５年。山と村と人が大きく動いた。

実践アドバイス「木の駅」立ち上げ方法

「『いいね』と言う人が１００人寄っても始まらない。しかし、『俺たちがやる』と決意した本気の地元山主が３人とヨソ者１人が集まればすぐにできる」。そんなことを吹聴している。岐阜県恵那市、鳥取県智頭町、愛知県豊田市……。事実、各地に広がる木の駅はいずれもそんな本気から始まった。

２０１３（平成25）年の秋も木の駅のベビーラッシュだ。奈良県吉野町、長野県根羽村、富山県氷見市、栃木県那珂川町などでは実行委員会が立ち上がり、ほぼ日程も固まっている。ほかに準備中の木の駅も多い。その準備は最短で３カ月、長くて1年前から準備されるのが普通だ。準備期間は長ければいいというものではないようだ。

立ち上げまでの流れとコツ

木の駅の立ち上げプロセスについての相談が急増している。ここではそのおおよその流れとコツを振り返ってみたい。

月刊「林業新知識」連載やマスコミ報道などを見て、講演会や勉強会に招かれる。いきなり大きな講演会よりも、まず10人程度のコアメンバーによる勉強会を私はお薦めしている。

【1／準備会】

勉強会で趣旨（これまで述べてきたようなこと）を共有する。同時に、

①地域を知る（山林の状況、山仕事の担い手、商店の数と内容、小学校入学者数の推移、地域の自慢と悩みなどを確かめる）。

②出荷先リサーチ（チップ工場、薪ボイラー等の需要先までの距離や価格相場など）。

③資金のめど（共同出資、助成金、寄付など）について具体的に話し合う。

この勉強会がそのまま木の駅準備会になることが多い。準備会段階で森林組合、行政、商工会など関係機関と、その気のありそうな個人に参加を呼びかける。

写真４　木の駅ポータルサイト（www.kinoeki.org）立ち上げ
基礎資料はここからダウンロードできる

【2／実行委員会】

2〜3回の準備会合でおおよそのイメージの共有や役割分担ができたら、実行委員会を設立する。

①規約を作成・承認する（他駅の規約をアレンジ、木の駅名称、委員長・役員も決定）。

②マニュアルを作成（出荷登録者資格、対象山林、樹種、規格、集荷土場、支払い単価、出荷・発券手続き、商店登録者資格、換金手続き、地域通貨名

称・単位などのルールを詳細に決定）。

③スケジュールを決める（集荷期間、地域通貨の流通期間、発券・換金サイクルなど）。

実行委員会と言いながら、これは定足数のない毎回総会のようなもので、委員は登録出荷者、登録商店全員とヨソ者や研究者などを交えて、多様な人材が関われるほど面白くなる。

マニュアルは、慣れない出荷者や商店が初めて手にする、いわば木の駅の「取扱説明書」なので、全員で一字一句読み合わせして決めていくことが重要。この過程で地域での木の駅開設が急に現実味を増す。地域通貨の名称や単位、デザインなどには地域のこだわりが反映されて盛り上がり、最後は挙手による多数決になる。

地域説明会とリハーサル

スケジュールは、第1期は1～3カ月を集荷期間とし、プラス1カ月を地域通貨の流通期間とするのがちょうどいい。第1期はいろんな不都合や改善点を見つけ出す社会実験と位置づけるのが秘訣で、これでずいぶん気が楽になる。開駅の約1カ月前に地域説明会を開いてできるだけたくさんの住民に周知し、出荷者・商店として登録していただけるように腐心する。この時にマニュアル、できれば通貨デザインなども決定していることが望ましい。これらから逆算すると、開駅の6カ月くらい前に準備会が始動することになる。

地域説明会前後に、現地研修会（リハーサル）を開催するのが有効だ（写真5）。間伐や林地残材の玉切りから自己検尺、伝票記入、発券、商店での利用までの一連の流れを体験することと安全講習を兼ねる。「こんな簡単なことでいいのか」と参加者は安心する。

地域通貨の発行については、商工会から既存商品券との共用を提案されることがほとんどだが、必ず独自の地域通貨を創る。これは絶対譲れない。実行委員会で議論を重ねる中で必ず理解は得られる（写真6）。

俺たちの村のことは俺たちが決められる

買取単価は6000円／t（4000～5000円／㎥）を目安としたい。チップ相場が下がっている中で3000～4000円の逆ザヤ（差額補填）は厳しい決断となるが、そこで知恵と本気が試される。行政などの助成金の類いはすぐには手当てできないが、いずれ必ず動き出す。それを待って始めるという選択もあるが、お薦めできない。

写真５　リハーサル研修の様子。これで参加者は安心できる（長野県根羽村）

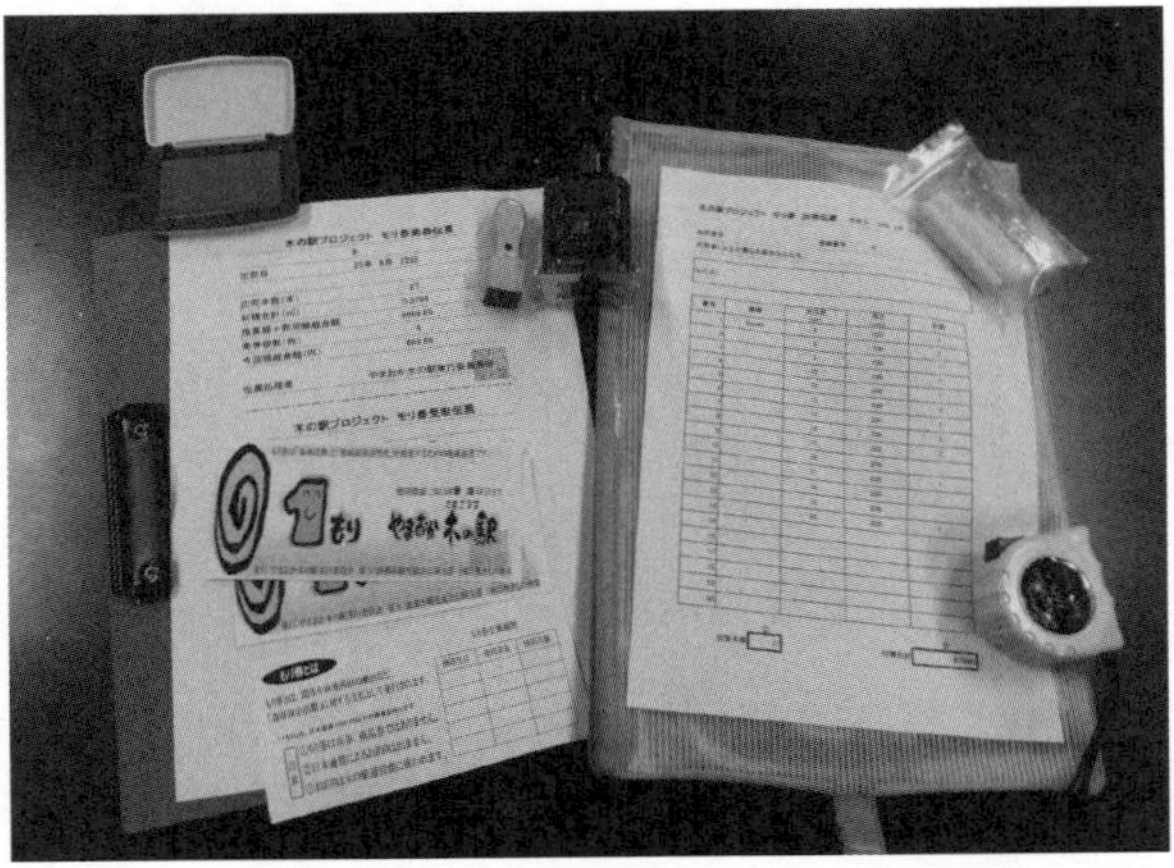

写真６　「やまおか木の駅」（岐阜県恵那市）の地域通貨発券セット（チョーク、メジャー、伝票の出荷セット〈右〉と事務局の発券セット

なぜなら——。始めようとしている木の駅は、林地残材の搬出助成を既存の商品券で支払うだけの新手の搬出助成事業ではないはずだ。繰り返し述べてきた、「俺たちの村のことは俺たちが決められる」実感と仕組みを取り戻す営みでありたい。

（『「木の駅」軽トラ・チェーンソーで山も人もいきいき』丹羽健司著　発行／全国林業改良普及協会より抜粋して転載）

３６０者登録のＩＴ「真庭システム」木質チップ由来証明から需給調整・精算を一元管理

岡山県農林水産部林政課

西日本有数の国産材加工拠点としての課題

岡山県北部は、中国山地沿いに位置し、スギ・ヒノキ人工林を中心とした豊富な森林資源を背景に林業・木材産業が発達してきた地域で、現在も西日本有数の国産材加工拠点となっています。材質に優れたヒノキ材（都道府県別のヒノキ素材生産量は３年連続１位）と優れた製材技術を生かした「美作材《みまさか》」の産地として今後一層の発展が期待されています。

その中でも真庭地域は、地域内に３箇所の原木市場と約30社の製材工場、１箇所の製品市場があり、古くから木材集散地として栄えてきましたが、社会情勢の変化等による木材価格の低迷や木材加工施設から発生する樹皮などの有効利用は、地域の林業・木材産業の活性化を考えるうえで大きな課題となっていました。

真庭バイオマス集積基地の稼働で安定供給可能に

真庭地域では、このような課題を解決するため、約20年前から民間主導による研究会が立ち上がり、その後、２００６（平成18）年には真庭市がバイオマスタウン構想を公表、さらにその実現に向けて地域の関係者により未利用間伐材の林内残存量や搬出コストの調査等を行い、着々と木質バイオマスの利活用に向けて準備を進めていました。

このような中、２００９（平成21）年４月に、地区内に事業場を有する木材業者を構成員とした真庭木材事業協同組合が「真庭バイオマス集積基地」を設置・稼働させたことにより、これまで利用率の低かった林地残材や樹皮をチップ化・粉砕処理し、パルプ原料や農業用暖房施設の燃料として安定供給が可能となりました。これが、後の木質バイオマス発電に向けての大きな足がかりとなりました。

写真１　官民出資の発電会社「真庭バイオマス発電株式会社」の発電施設

木質チップ由来証明に関連する事務処理が課題に

２０１１（平成23）年に地域の林業・木材産業関係者が連携し、行政も一体となった木質バイオマス発電事業の構想が持ち上がり、２０１３（平成25）年２月には官民出資の発電会社「真庭バイオマス発電株式会社」が設立され、２０１５（平成27）年４月から稼働を開始しています（写真１）。発電出力は1万kW。これは、一般家庭２万２０００世帯分、真庭市内全ての一般家庭の電気が賄える規模です。燃料となる木質チップの年間消費量は14万８０００ｔ、このうち９万ｔ（材積

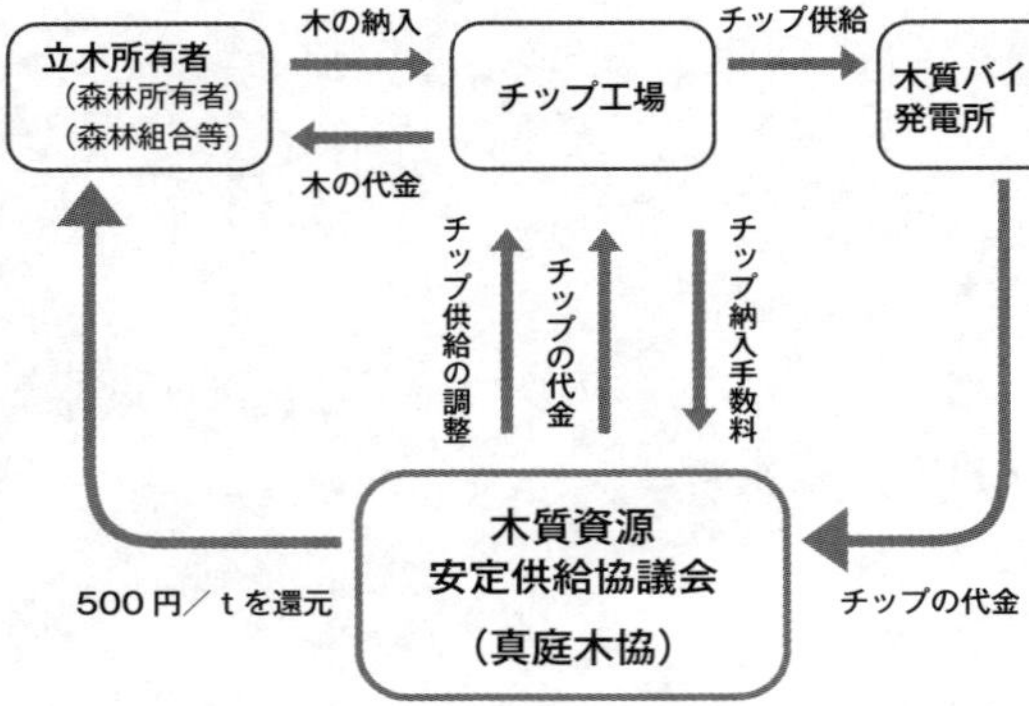

図1　木質資源安定供給協議会

換算約11万m³）を山林に放置された間伐材などの未利用材で賄う計画となっており、7万tは市内から、残り2万tは隣接の地域から調達する計画となっています。

発電事業計画と並行して、木質チップ等燃料の調達方法についても関係者により協議検討が重ねられ、２０１３（平成25）年3月に「木質資源安定供給協議会」が発足し、ワーキンググループ（原木供給、チップ加工、製材部門）を設置し、真庭木材事業協同組合や真庭森林組合、原木市場、チップ加工業者などが、真庭地域および周辺地域から調達した未利用材や製材端材、樹皮等をチップ加工し、発電所に供給することになりました（図1）。

しかしながら、ここに大きな課題が立ちはだかりました。国の定めた「発電利用に供する木質バイオマスの証明のためのガイドライン」では、燃料となる木質チップの由来証明が必要となっており、15万ｔもの燃料を円滑に流通させるためには、流通段階において入出荷管理とともに膨大な件数の伝票、証明書の発行、精算行為など極めて煩雑な事務をこなさなければなりませんでした。さらに発電所側も由来区分毎の数量把握について伝票様式の違いにより予期せぬ混乱が生じるおそれがありました。

ＩＴ化で一元データ管理できる真庭システムを開発

この課題を解決するため、「木質資源安定供給協議会」は地域内の木材流通管理体制の合理化を目指し、ＩＴ化によるシステムづくりを２０１３（平成25）年度に着手しました。合法性等を審査した伐採計画地の情報をデータ登録し、木材市場やチップ工場への丸太持ち込み量、チップの生産量などをパソコンで入力し、インターネットで共有することで燃料の証明・需給調整・精算などを一元的にデータ管理できる「真庭システム」を開発しました（図２）。

同システムには現在、木材流通に関わる企業や周辺自治体など３６０者が登録しており、入力情報を基に木材を未利用材か一般木材に分類し、丸太や枝葉、チップを運搬する際、ＱＲコー

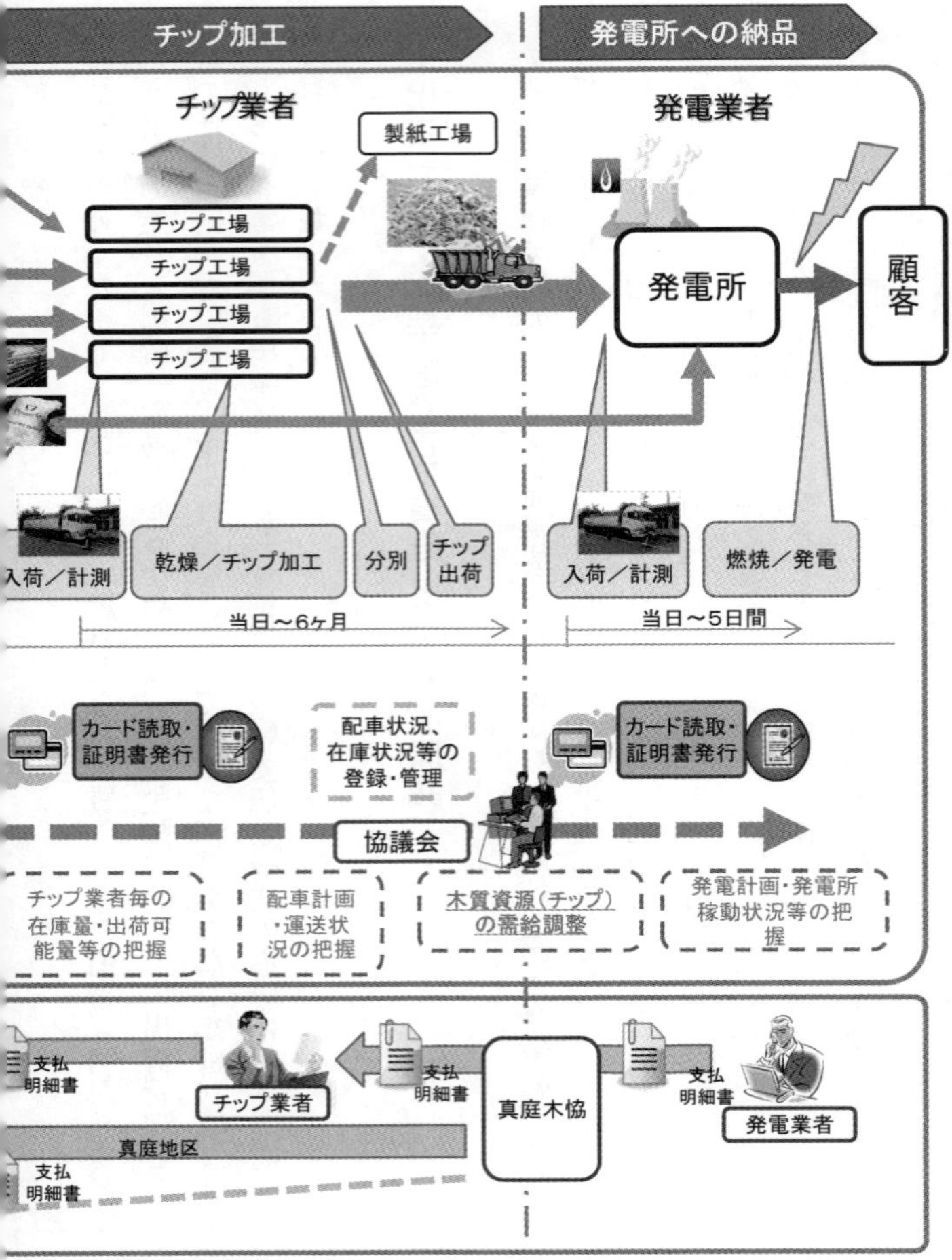
チップ加工
発電所への納品
チップ業者
製紙工場
チップ工場
チップ工場
チップ工場
チップ工場
発電業者
発電所
顧客
入荷／計測
乾燥／チップ加工
分別
チップ出荷
入荷／計測
燃焼／発電
当日～6ヶ月
当日～5日間
カード読取・証明書発行
配車状況、在庫状況等の登録・管理
カード読取・証明書発行
協議会
チップ業者毎の在庫量・出荷可能量等の把握
配車計画・運送状況の把握
木質資源（チップ）の需給調整
発電計画・発電所稼動状況等の把握
支払明細書
チップ業者
真庭地区
支払明細書
支払明細書
真庭木協
支払明細書
発電業者

理する真庭システム）

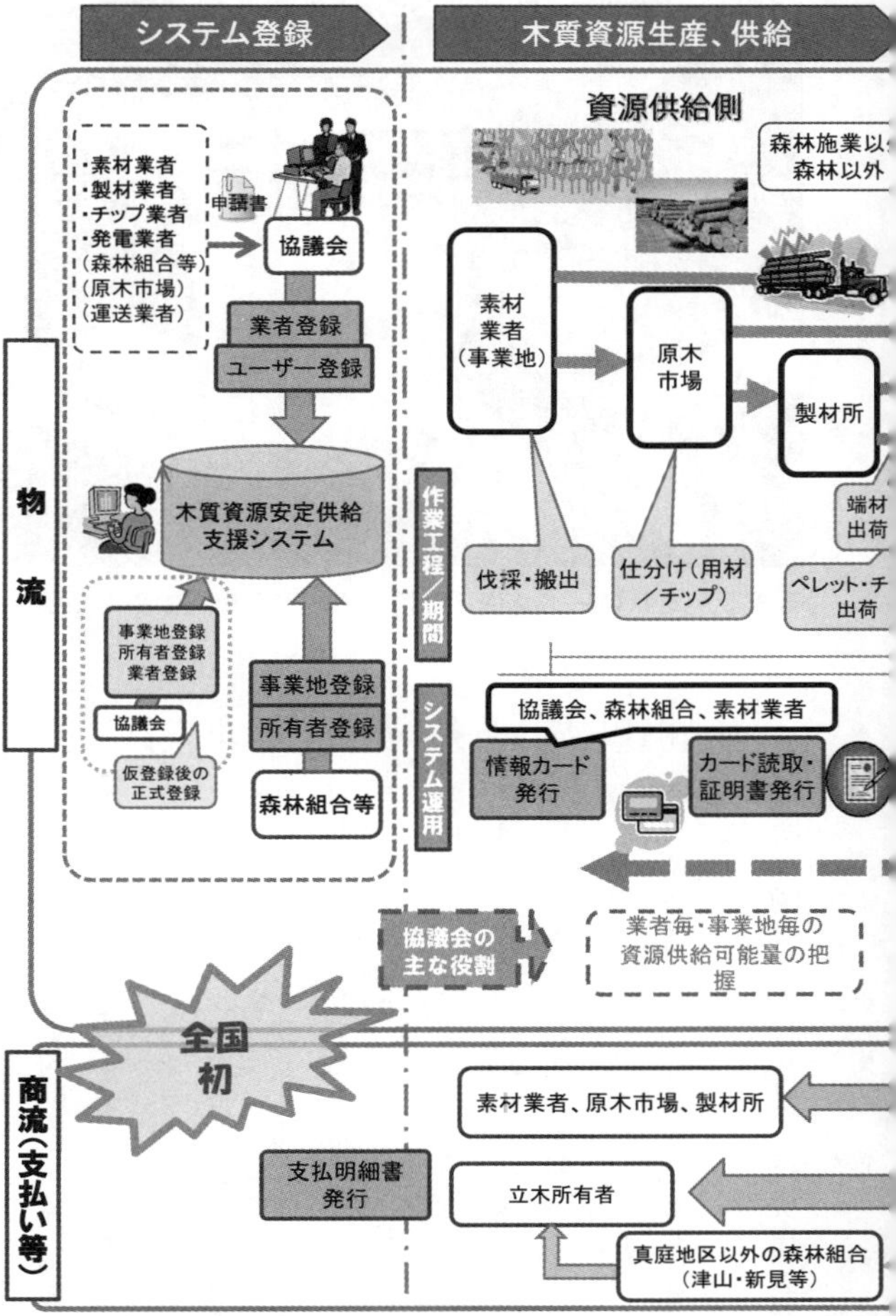

図２　木質資源安定供給事業の概観（情報カード活用でデータを一

写真２　ＱＲコードを使った情報カードで燃料由来を証明

ド付きの情報カードを発行することで伐採地からチップ製造までの履歴を瞬時に把握することが可能となっています（写真２）。

また、発電事業により未利用の間伐材が活用されるようになれば、森林整備が推進され、森林の公益的機能の発揮が期待できることから、間伐材等の搬出意欲を高めるため、森林所有者には丸太価格に加え５００円／ｔを支払う制度を導入しました。この制度により２０１４（平成26）年の10月～２０１５（平成27）年７月までに森林所有者へ１３００万円が還元されており、木材価格の低迷が続く中、森林所有者の新たな収入源として期待されています。

発電所稼働後３カ月経過した現在、発電所

向けの燃料は1年近く蓄積された乾燥した素材が多いため、それらの素材チップは当初計画より燃焼効率が非常に良く、発電所はフル稼働の状態です。問題点として、樹皮や枝葉は破砕時に容積は増えるものの、チップの形状から施設内の搬送経路で詰まりやすいため、乾燥した素材チップと混合して対応しています。今後は搬送経路の改良と含水率が低い良質な木質チップの安定供給が新たな課題となっています。

短期乾燥システム

発電所に持ち込まれるチップは、燃焼時の発熱量に応じて、含水率が10%下がるごとに買取価格が高くなるように設定しています。

そこで、真庭木材事業協同組合は、チップ製造工程で付加価値をつけるため、２０１４（平成26）年に、小径木の選木～半割～プレス～乾燥までを一貫して行う加圧脱水処理技術を開発しました。この技術により、製材用として利用できない小径木を短期間で含水率が低い良質なチップにすることが可能となり、未利用間伐材の効率的な利用が図られると期待しています。

木質バイオマスを通じた新たな産業創出

真庭市では、真庭市観光連盟が全国的に注目が高まるバイオマスの取り組みそのものをツアーを通じて学んでもらう産業観光「バイオマスツアー真庭」を２００６（平成18）年12月から開始し、現在では年間２０００人以上の参加者を集めていますが、発電事業の取り組みについても広くＰＲするためにツアーの行程に組み込んでおり、観光という面でも大きく貢献しています。

さらに、２０１４（平成26）年3月にバイオマス産業都市に選定されたことをきっかけとし、バイオマス発電事業をはじめとする木質バイオマスリファイナリー事業、有機廃棄物資源化事業、産業観光拡大事業の４つの具体的なプロジェクトを展開、木質バイオマスの利活用を通じた新たな産業の創出を目指すとともに、２０１５（平成27）年7月には、木材供給力の向上を図り、森林整備、林業振興および環境保全をバランス良く推進する森林・林業マスタープランの策定にも取り組んでいます。

県内他地域への波及効果にも期待

発電燃料という木材の新たな需要の創出により、林業・木材産業の活性化や雇用の拡大につなげていくプロジェクトが動き出しました。こうした取り組みは、県内の他地域にも影響を与えており、県南や周辺の市町村において未利用間伐材の運搬支援、新たなチップ加工施設の整備を計画するなどの動きが出始めています。

一方で、これらの施設に安定的に木材を供給し、収益性の高い林業を実現するためには、担い手育成・確保も重要な課題となっています。こうした中、県では、２０１５（平成27）年３月に「21おかやま森林・林業ビジョン」を改訂し、「伐って、使って、植えて、育てる」という林業のサイクルを循環させるための様々な施策を推進しており、地域の森林資源を活かした林業の成長産業化を目指しています。

資料編

森林に残された資源「木質バイオマス」の搬出方法
―小規模森林で利用可能な簡易な搬出方法の紹介―

千葉県農林総合研究センター森林研究所
廣瀬　可恵・岩澤　勝巳

1　はじめに

森林には気象害や病気の被害材、タケ、広葉樹など利用されずに残されている資源が多く存在する。これらを森林から搬出することができれば、木質バイオマスとして有効に利用することが可能となる。木質バイオマスの搬出には、重機（高性能林業機械等）を使用することもできるが、これらの機械の使用には多額の費用がかかるとともに特殊な技術が必要であることから、誰もが導入できるものではない。また、千葉県の森林では、木質バイオマスが小規模に散らばっていることも多く、重機の利用が適さない場合もある。そこで小規模森林における搬出を対象に、初期投資が少なく、誰にでも利用可能で簡単な方法による搬出試験を実施し、その有用性について検討した。

2 試験に用いた簡易な搬出方法

搬出試験には、土佐の森方式軽架線、軽トラックけん引による搬出、簡易集材装置「修羅：ｉｄｏ」およびポータブルロープウインチを用いた。

土佐の森方式軽架線は、高知県のＮＰＯ法人土佐の森・救援隊により開発された搬出方法である。ワイヤー、滑車およびナイロンスリングの組み合わせによるシンプルな架線と作業車等のウインチを使って林内に残された材を作業道まで搬出するものである（図１）。ウインチ以外は「土佐の森方式軽架線キット」として販売されている。なお、土佐の森方式軽架線は、簡易架線集材装置に相当するため、安全衛生特別教育規程に基づく安全講習の受講が必要である（２０１４〈平成26〉年12月から適用）。

軽トラックけん引による搬出は、軽トラック、ロープ、滑車およびナイロンスリングを組み合せ、軽トラックの移動により材をけん引する方法である（図2）。軽トラック以外の道具は小売店等で買い揃えることができる。

修羅iidoは、秋田県の平鹿地区林業後継者協議会によって考案された機械を用いない搬出方法である。ポリカーボネート製波板、小角材および支柱を組み合わせてシューターを作り、木材を滑り下ろして搬出するもので、小売店等で市販されているもののみで作製することができる（図3）。

ポータブルロープウインチは、重量が15kg程度のカナダ製のけん引補助装置で、ロープを使用して搬出するエンジン式の機械である。本体とロープ等の必要なものがセットになって販売されている（図4）。

また、土佐の森方式軽架線、軽トラックけん引およびポータブルロープウインチは、材の重さに応じて動滑車を組み合わせることで、一度に複数の材を搬出することができる。

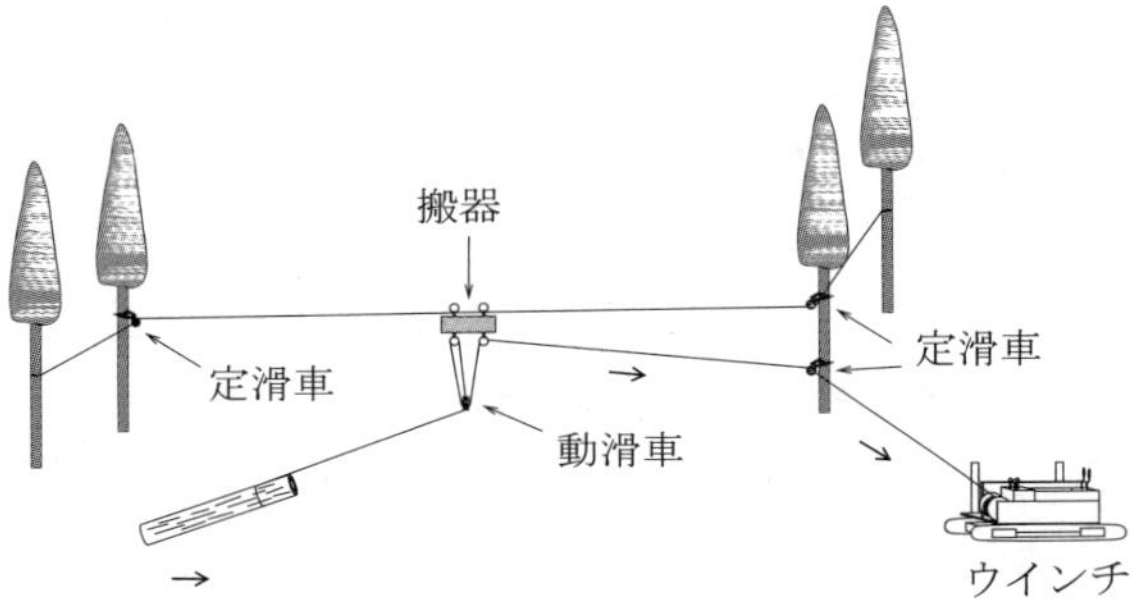

図１　土佐の森方式軽架線による搬出方法

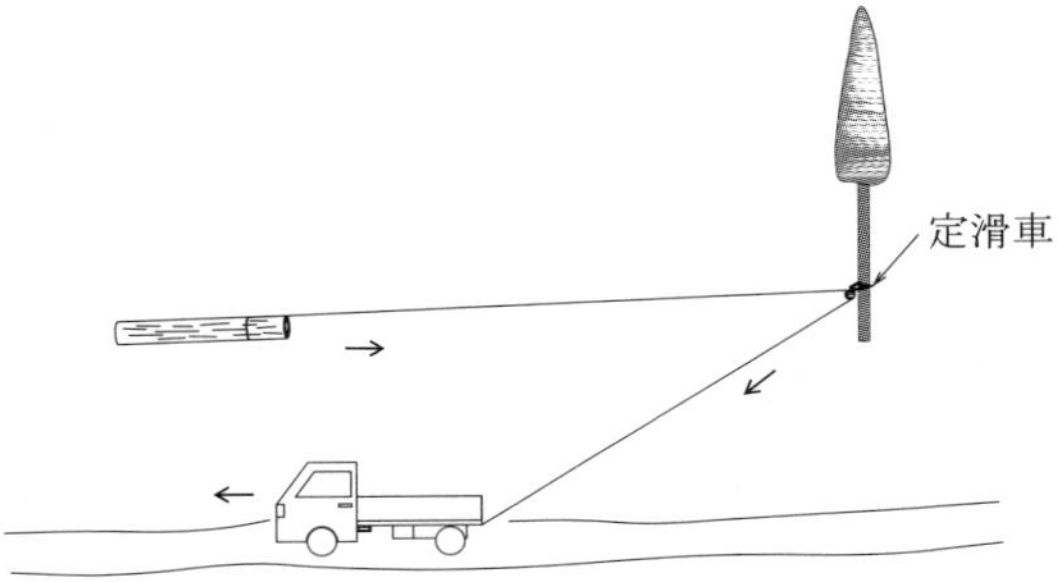

図２　軽トラックけん引による搬出方法

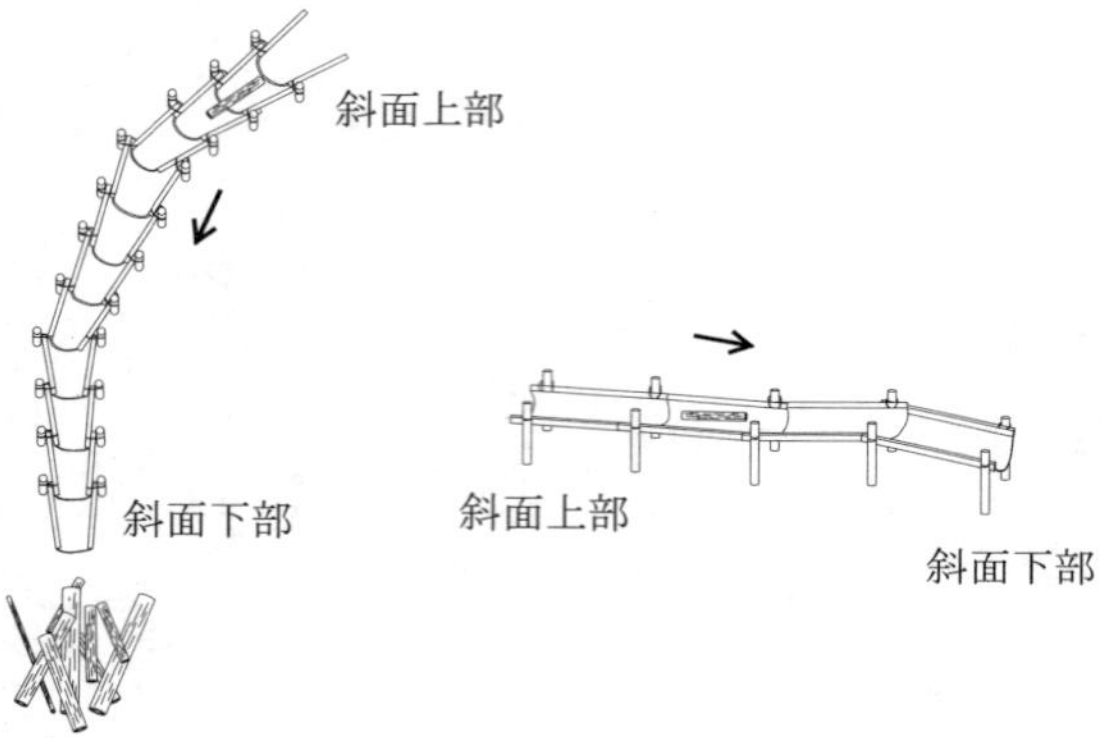

図３　修羅iidoによる搬出方法
注）左は俯瞰図、右は側面図

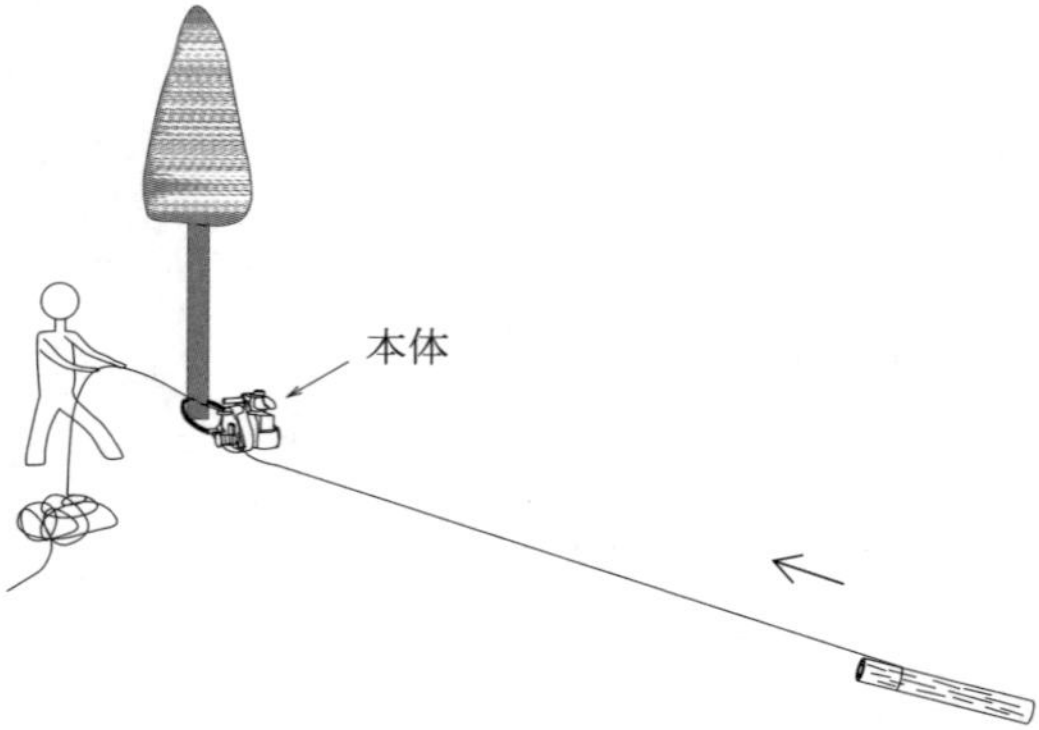

図４　ポータブルロープウインチによる搬出方法

3　スギ間伐材の搬出事例

(1)土佐の森方式軽架線による搬出

山武市内に位置する平地のスギ林で、スギ間伐材の搬出試験を実施した。試験では、土佐の森方式軽架線を用いた搬出と人力による搬出の時間を比較した。搬出作業は3人1組で実施し、搬出する材にワイヤーをかけてから集材するまでの時間を計測した。搬出した材は、直径10～20cm、長さ1・5～2・5mの間伐材で、土佐の森方式軽架線では149本を距離45m、人力では116本を距離57m搬出した。この結果を、1m³の材を3人1組で10m搬出する時間に換算した。

試験の結果は図5のようになり、土佐の森方式軽架線では、人力に比べて作業時間を約15%減らすことができた。また、今回の試験における土佐の森方式軽架線の設置時間は約30分であった。

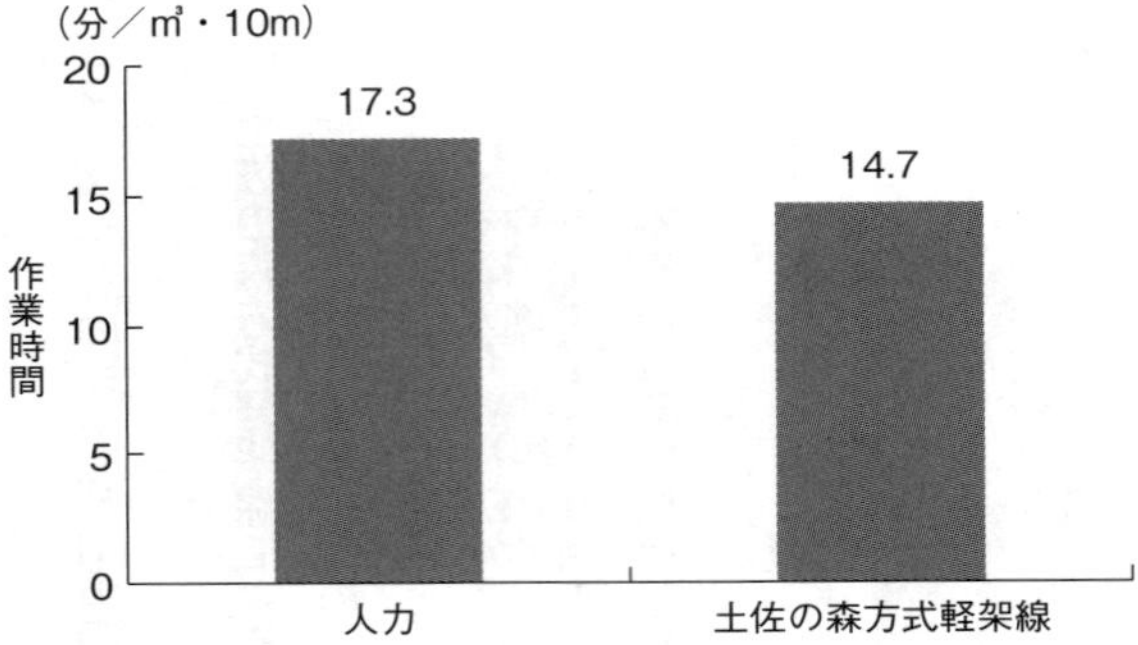

図５　スギ間伐材を土佐の森方式軽架線および人力で搬出した作業時間

注１）１㎥の材を３人で距離10m搬出した作業時間で比較
　２）１㎥は、直径15㎝、長さ2mのスギ材で22〜23本相当

(2) 軽トラックけん引による搬出

山武市内に位置する平坦なスギ林で、スギ間伐材の搬出試験を実施した。試験では、軽トラックけん引による搬出と人力による搬出の時間を比較した。搬出作業は３人１組で実施し、搬出する材にロープをかけてから集材するまでの時間を計測した。搬出した材は、直径10〜30㎝、長さ1・5〜２ｍの間伐材で、軽トラックけん引では２０２本を距離28ｍ、人力では３４０本を距離９ｍ搬出した。この結果を、１㎥の材を3人１組で10ｍ搬出する時間に換算した。

試験の結果は図６のようになり、軽トラックけん引による搬出では、人力に比べて作業時間を約40％減らすことができた。また、今回の試験における軽トラックけん引の設置時間は約４分であっ

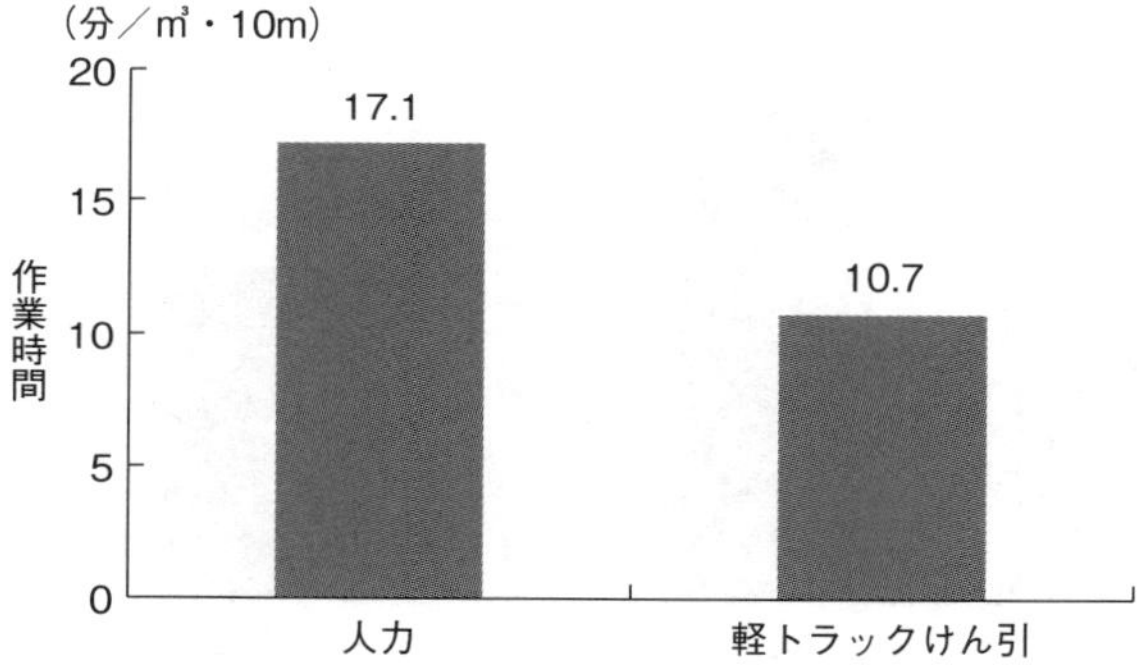

図６　スギ間伐材を軽トラックけん引および人力で搬出した作業時間

注１）１㎥の材を３人で距離10m搬出した作業時間で比較

た。

４　タケ材の搬出事例

⑴　修羅iidoによる搬出

市原市内に位置する下り傾斜８度の竹林で、マダケ材の搬出試験を実施した。試験では、修羅iidoによるシューターを用いた搬出と人力による搬出の時間を比較した。搬出作業は３人１組で実施し、集積してあった材を搬出して集材するまでの時間を計測した。搬出した材は、直径２～６cm、長さ３ｍのマダケ材で、修羅iidoでは945本を、人力では693本を距離32ｍ搬出した。この結果を、１㎥の材を３人１組で10ｍ搬出する時間に換算した。

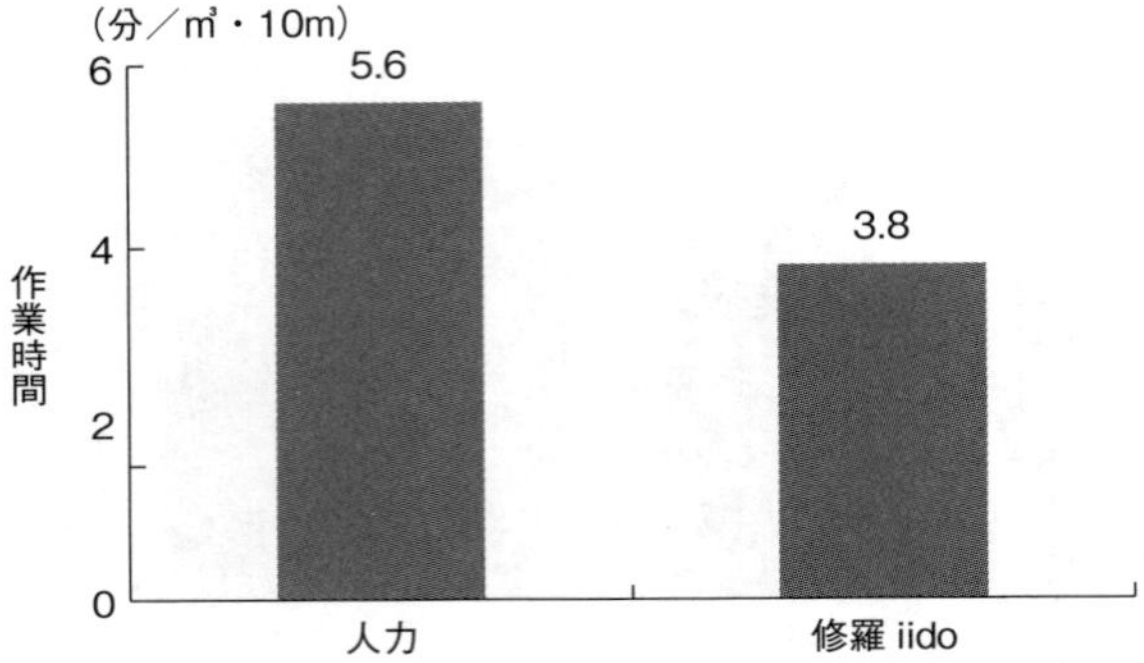

図７　マダケ材を修羅iidoおよび人力で搬出した作業時間

注１）１㎥の材を３人で距離10m搬出した作業時間で比較
　２）１㎥は、直径４㎝、長さ３ｍのマダケ材で約210本に相当

試験の結果は図７のようになり、修羅ｉｉｄｏでは、人力に比べて作業時間を約30％減らすことができた。また、今回の試験における修羅ｉｉｄｏの設置時間は約16分であった。

⑵ ポータブルロープウインチ（ＰＣＷ5000）による搬出

市原市内に位置する上り傾斜12度の竹林で、モウソウチク材の搬出試験を実施した。試験では、ポータブルロープウインチによる搬出と人力による搬出の時間を比較した。搬出作業は３人１組で実施し、搬出する材にロープをかけてから集材するまでの時間を計測した。搬出した材は、直径が６～14㎝、長さが10～14ｍのモウソウチク材で、ポータブルロープウインチでは１０７１本を、人

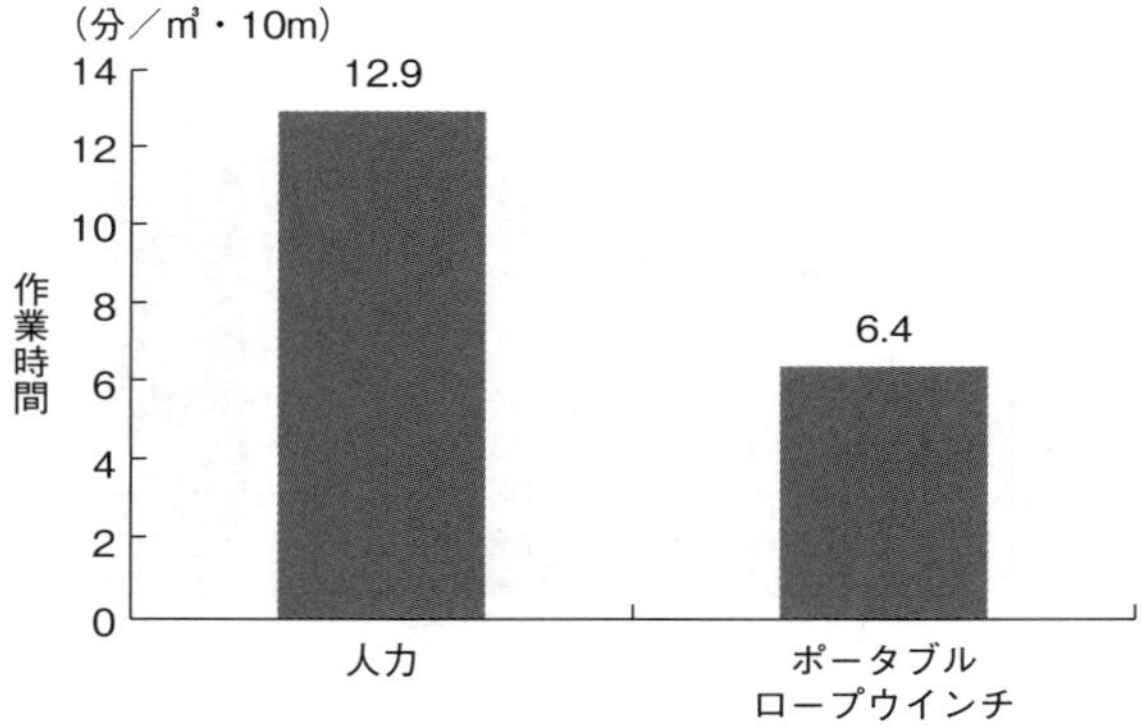

図８　モウソウチク材をポータブルロープウインチおよび人力で搬出した作業時間

注１）１㎥の材を３人で距離10m搬出した作業時間で比較
　２）１㎥は、直径10㎝、長さ12mのモウソウチク材で約32本に相当

力では５６７本を距離32ｍ搬出した。この結果を、１㎥の材を３人１組で10ｍ搬出する時間に換算した。

試験の結果は図８のようになり、ポータブルロープウインチでは、人力に比べて作業時間を約50％減らすことができた。また、今回の試験におけるポータブルロープウインチの設置時間は約４分であった。

５　マテバシイ材の搬出事例

富津《ふっつ》市内に位置する上り傾斜35度の広葉樹林で、マテバシイ材の搬出試験を実施した。試験では、ポータブルロープウインチ（ＰＣＷ５０００）を用いた搬出、運搬車（１・３ｔ）

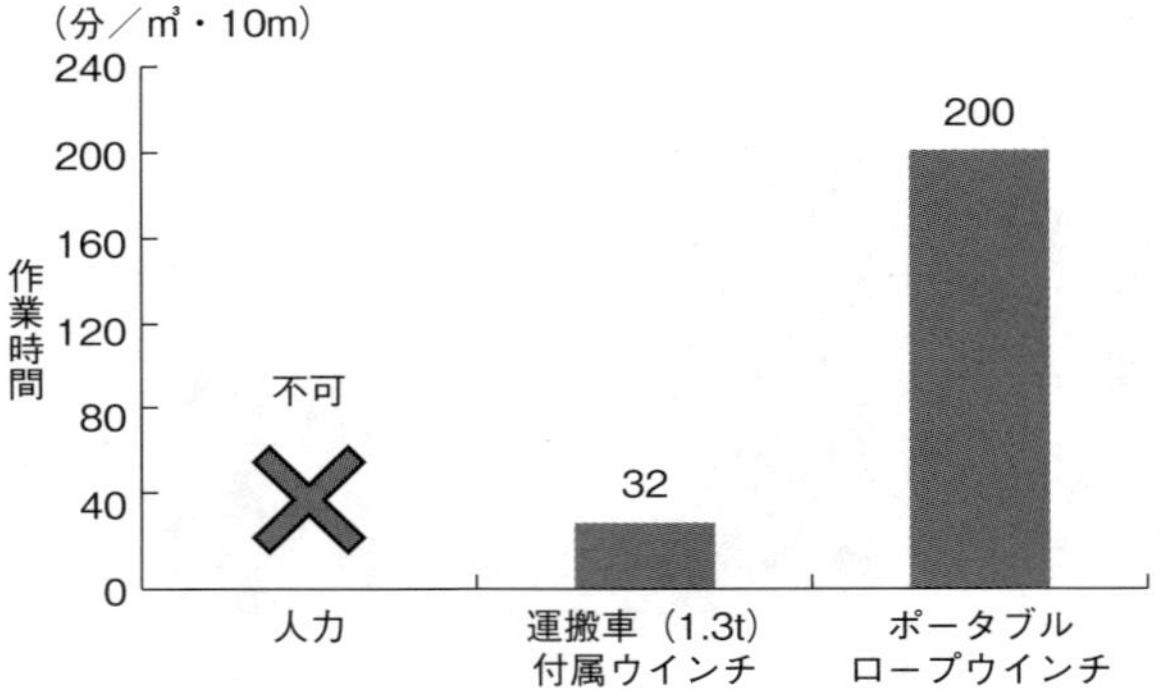

図９　マテバシイ材をポータブルロープウインチ、運搬車付属ウインチおよび人力で搬出した作業時間

注１）１㎥の材を２人で距離10m搬出した作業時間で比較
　２）１㎥は、直径12㎝、長さ13mのマテバシイ材で５〜６本に相当

に付属したウインチを用いた搬出および人力による搬出の時間を比較した。搬出作業は２人１組で実施し、搬出する材にロープをかけてから集材するまでの時間を計測した。搬出した材は、直径が８〜16㎝、長さが13m、重さが３００kg／本以上のマテバシイ材で、ポータブルロープウインチでは７本、運搬車に付属したウインチでは６本を距離６m搬出した。この結果を、１㎥の材を２人１組で10m搬出する時間に換算した。

試験の結果は図９のようになり、ポータブルロープウインチでは、運搬車に比べて６倍以上の作業時間がかかったが、人力では重くて搬出することができない材を搬出することができた。また、今回の試験におけるポータブルロープウインチの設置時間は約4分であった。

6　まとめ

スギ間伐材およびタケ材を、土佐の森方式軽架線、軽トラックけん引による搬出、修羅ｉｉｄｏまたはポータブルロープウインチによる簡易な方法で搬出試験を実施し、人力による搬出と比較した。その結果、簡易ロープウインチによる簡易な方法では、人力に比べて作業時間を15～50％減らせることがわかった。このため、これらの簡易な搬出方法は、導入条件が整えば有用であると考えられる。また、マテバシイ材の搬出では、運搬車に付属したウインチを用いた搬出に比べてポータブルロープウインチでは6倍以上の作業時間を要したが、人力では搬出できない３００kg以上の材を搬出することができたことから、作業道がない場所や運搬車が利用できない場合には有用であると考えられる。

簡易な搬出方法を導入する際に参考となるよう、搬出方法ごとの特徴を表1（次頁）に示した。土佐の森方式軽架線による搬出方法は、軽架線を使用するため設置には時間と慣れが必要であり、一度、架線を設置すると簡単には付け替えができないため、搬出量が比較的多い場所

表1　搬出方法ごとの特徴

搬出方法	特徴
土佐の森方式軽架線	・上り傾斜地または平地での利用に向く ・ワイヤーの巻き取りウインチが必要 ・設置には慣れと時間が必要 ・架線を一度設置すると付け替えにくい ・搬出量が比較的多い場所では効率的 ・安全講習の受講が必要
軽トラックけん引	・緩やかな上り傾斜地または平地での利用に向く ・軽トラック自体が用意しやすい ・軽トラックを動かせる場所が必要
修羅iido	・下り傾斜地で使用できる(他では使用できない) ・軽すぎたり重すぎたりしない（自重で滑る）ものが対象 ・費用が安い
ポータブルロープウインチ	・上り傾斜地または平地での利用に向く ・作業道がない場所にも持ち運び可能 ・自動巻取装置が用意できない場所で人力でロープを手繰る必要がある ・搬出量が少ない場所に向く ・機器の入手に手間と費用がかかる

に向いている。軽トラックけん引を用いた搬出方法は、急傾斜地や軽トラックを動かせない場所では使用できないが、汎用性の高い軽トラックをそのまま使用でき、滑車の設置方法を工夫することで作業可能な条件を広げられる。修羅ｉｉｄｏを用いた搬出方法は、下り傾斜地でしか使用できないが、

入手しやすく安価な道具で作成できる。ポータブルロープウインチは、機器の入手に手間や費用がかかるが、軽量で作業道のない場所にも持ち運んで設置できる。これらの特徴を踏まえ、各現場に合わせた搬出方法を選択する必要がある。

出典
平成26年度試験研究成果発表会資料　林業部門（千葉県農林水産技術推進会議農林部会）

林地残材の丸太乾燥試験

宮崎県木材利用技術センター
岩崎 新二

林地残材の乾燥方法を比較試験

宮崎県のスギ素材生産量は、1991（平成3）年以来連続して日本一を記録しており、スギ材の利用拡大が、重要な課題となっています。スギ材の利用用途としては建築用として住宅部材、土木用として道路（法面保護工、路肩・保護柵工等）、公園（木橋工、階段・歩道工等）、河川（治山ダム工、水制工等）等に用いられています。しかしながら、林地内には、未利用材が林地残材として残されています。

林地残材というのは、立ち木を丸太にする際に出る枝葉や梢端部分、森林外へ搬出されない間伐材等、林地に放置されているものです。宮崎県内の林地残材発生の内訳は、伐り捨て丸太

林地残材

・立木を丸太にする際に出る枝葉や梢端部分、森林外へ搬出されない間伐材等、林地に放置される残材。

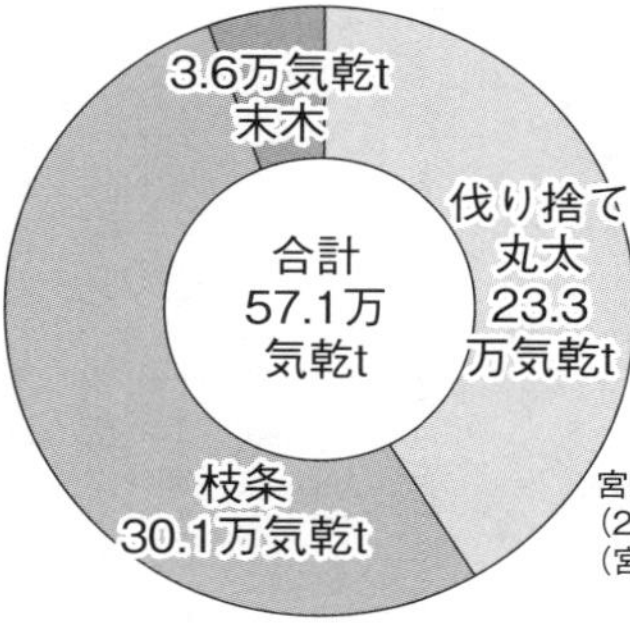

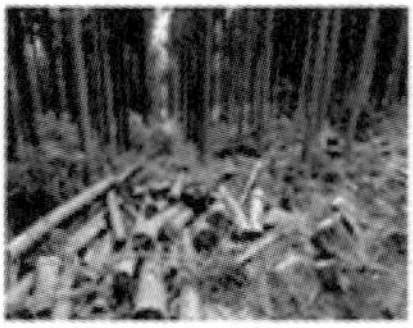

宮崎県内の年間発生内訳
（2008 年〈平成 20〉年度）
（宮崎県木質バイオマス活用普及指針）

図１　林地残材の内訳

約60・3万㎥（23・3万気乾t）、枝条約77・9万㎥（30・1万気乾t）、末木約9・3万㎥（3・6万気乾t）であり、合計約147・9万㎥（57・1万気乾t）と大量に放置されています（図1）。

林地残材の利用促進は重要な課題となっています。しかしながら、間伐材等は林地に放置され、ほとんど利用されていないのが現状です（表1）。

近年においては、利用方法の1つとして木質バイオマス発電の燃料として注目され、利用拡大が期待されています。また、林地残材は生材の状態で放置されています。そのため乾燥処理が必要となります。

生材をチップにして天然乾燥する方法も

表1　最近の林地残材利用量

	2010年	2011年	2012年
利用量	2.8万m^3	4.0万m^3	5.4万m^3
	1.1万気乾t	1.5万気乾 t	2.1万気乾t

（宮崎県山村・木材振興課調べ）

考えられるのですが、十分に広大な乾燥用地がない場合は表層部のみが乾燥し、内部はほとんど乾燥しません。十分な乾燥用地を確保すれば問題がないのですが、現実的ではありません。そのため丸太の状態での天然乾燥は有効な方法の1つであると思われます。

そこで、間伐材を搬出せず林地乾燥を行う場合と、搬出し低地乾燥を行う場合とを想定し、林地と低地で丸太天然乾燥の比較試験を行いました。

低地と林地の日当たり地と日陰地で実験

試験地は、低地乾燥試験地として宮崎県木材利用技術センター、林地乾燥試験地は都城市内のスギ民有林内です。試験材はスギ丸太材（皮付き）と乾燥促進が期待される薪割り材（皮付き2分割材）とし、天然乾燥は2012（平成24）年11月から行いました。含水率は、試験材重量の測定を行い、最終時点で試験材の一部を採取し全乾法により含水率を求め、各測定時の重量から含水率に換算する方法で行いました。

(1) 低地乾燥試験

低地試験地（宮崎県木材利用技術センター）には、スギ丸太材（直径10～20cm、長さ2m）、スギ薪割り材（長さ50cm）を日当たり地（舗装土場）と日陰地（未舗装土場）に椪積みして行いました（写真1、2）。

(2) 林地乾燥試験

林地試験地（都城市内のスギ民有林内）では、スギ丸太材（直径10～20cm、長さ2m）、スギ薪割り材（長さ2m）を日当たり地（未舗装土場）と日陰地（未舗装土場）に椪積みして行いました（写真3）。

日当たり地（丸太材）

日陰地（丸太材）

写真１　低地試験地の様子１

日当たり地（薪割り材）

日陰地（薪割り材）

写真2　低地試験地の様子２

日当たり地

日陰地

写真3　林地試験地の様子

実験結果

(1) 低地乾燥試験

丸太乾燥試験の重量比変化を図2に示します。日当たり材の重量比変化は日陰材よりも大きいのですが、6カ月経過後にはどちらも約55％と同じになり、13カ月後も同様でほとんど変化がありません。

薪割り材乾燥試験の重量比変化を図3に示します。日当たり材の重量比変化は2カ月間、日陰材は4カ月間は大きいのですがその後は少なくなり、5カ月経過後にはどちらも約55％と同じになりました。

丸太材の含水率の推移を図4、5に示します。日当たり材の初期平均含水率は、約115％（約140～70％の範囲）でした。平均含水率は4カ月後に43・7％（標準偏差13％）となり、県内で木質バイオマスに使用されるチップの想定含水率50％を下回りました。5カ月後は28・3％（標準偏差8・4％）となり、初期に高含水率であったスギ材も50％を下回りました。6カ月後には19・4％（標準偏差3・0％）となりました。

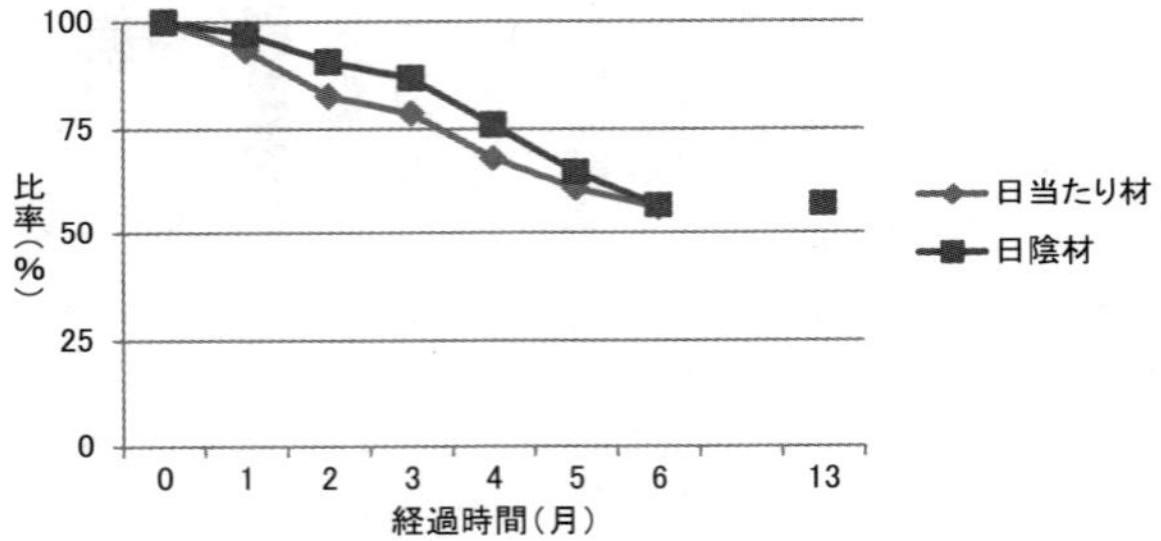

図２　丸太材の重量比変化

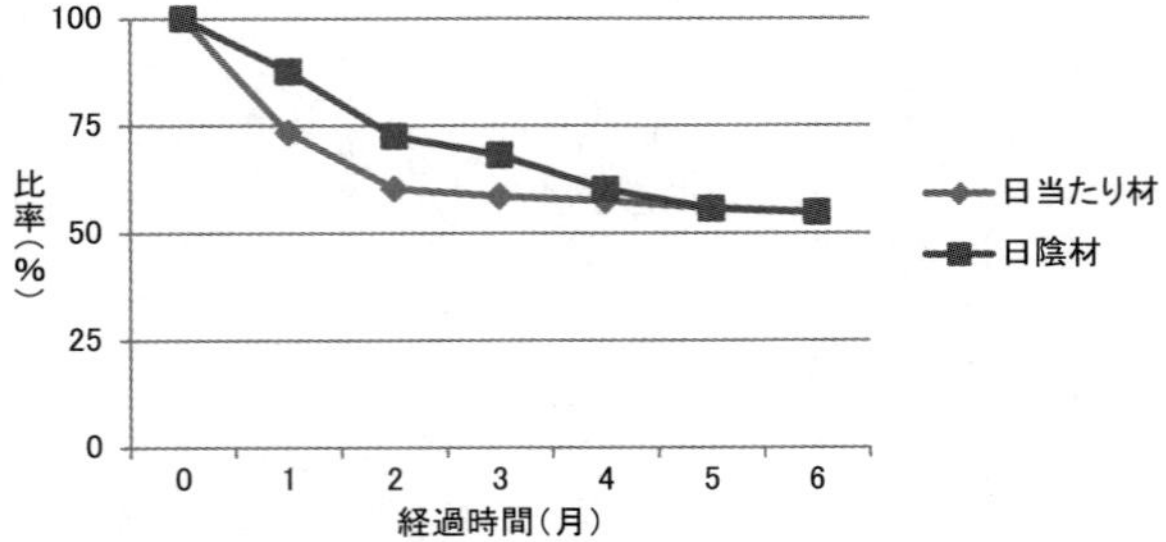

図３　薪割り材の重量比変化

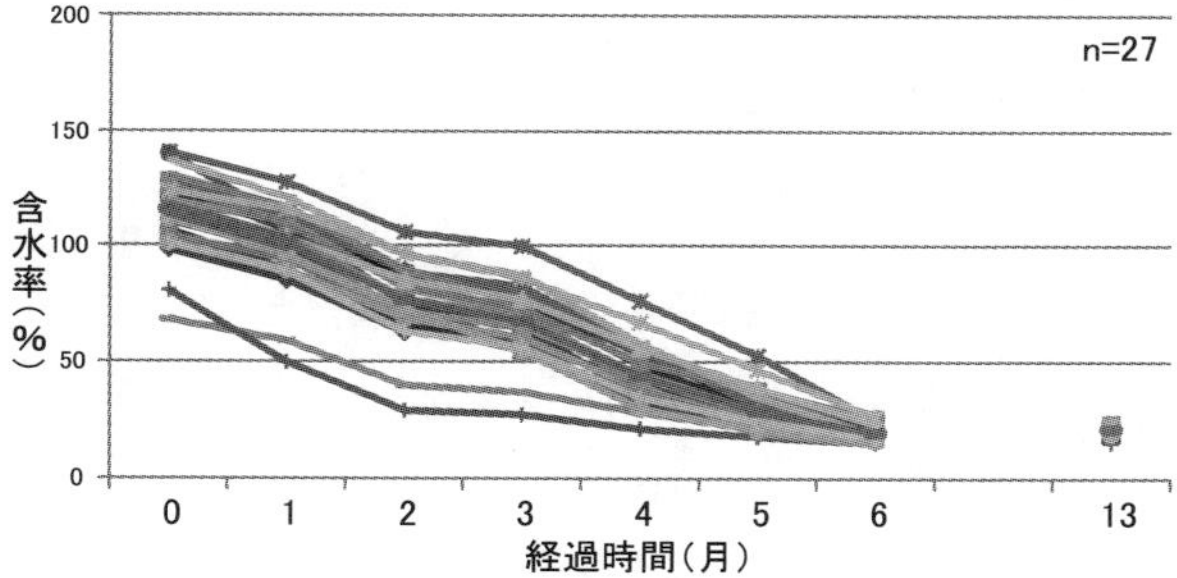

図４　丸太材（日当たり材）の含水率

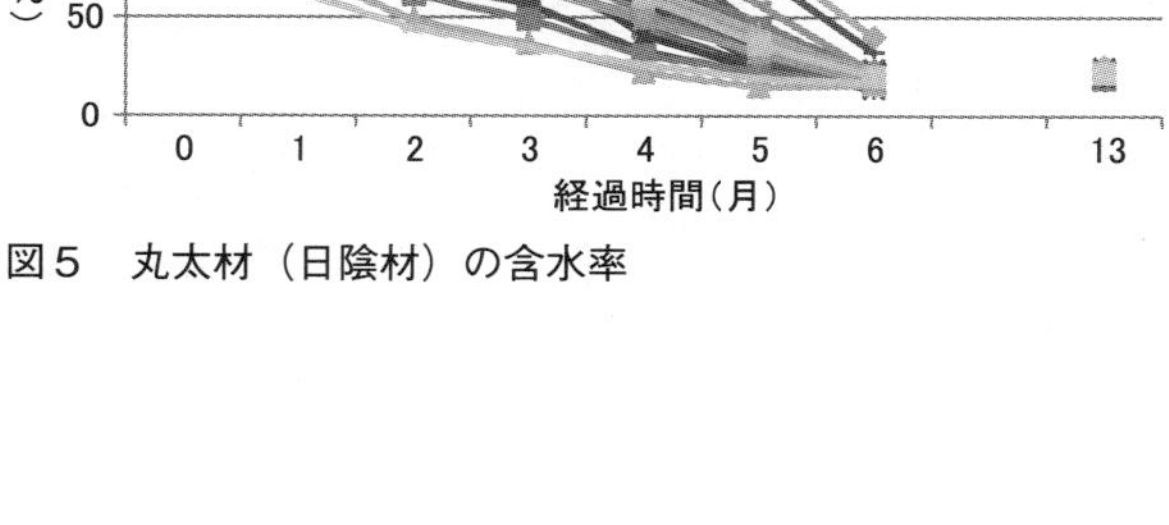

図５　丸太材（日陰材）の含水率

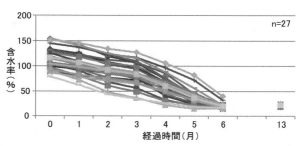

日陰材の初期平均含水率は、約１１３％（約１５０～80％の範囲）でした。平均含水率は、5カ月後には38・２％（標準偏差15・２％）となり50％を下回りました。６カ月後には20・５％（標準偏差5・３％）となり、初期に高含水率であったスギ材も50％を下回りました。

日当たり材、日陰材とも6カ月後、13カ月後の含水率はほぼ同じであり、天然乾燥は6カ月程度で良く、長期間の乾燥は効果的でないと考えられます。

丸太材は重量測定時に、椪積み内で上下入れ替えを行ったため、乾燥の偏りが軽減されたと思います。

薪割り材の含水率の推移を図6、7に示します。日当たり材の初期平均含水率は、約１１０％（約１３０～90％の範囲）でした。平均含水率は、２カ月後25％（標準偏差４・９％）で大幅な含水率の低下がみられ、その後の変化は少なく減率乾燥(※)期間になったと思われます。

日陰材の平均含水率は１０２％（約１２０～75％の範囲）でした。平均含水率は、２カ月後に49％（標準偏差17％）と50％を下回りました。４カ月後に約21・９％（標準偏差２・９％）で、その後の変化は少なく減率乾燥期間になったと思われます。

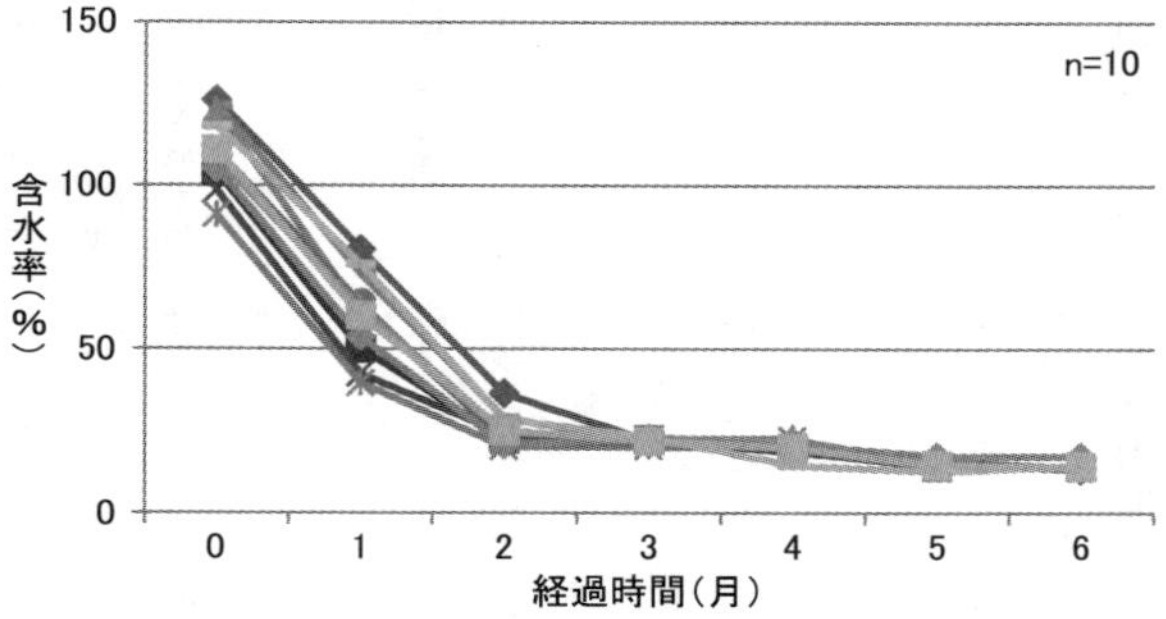

図６　薪割り材（日当たり材）の含水率

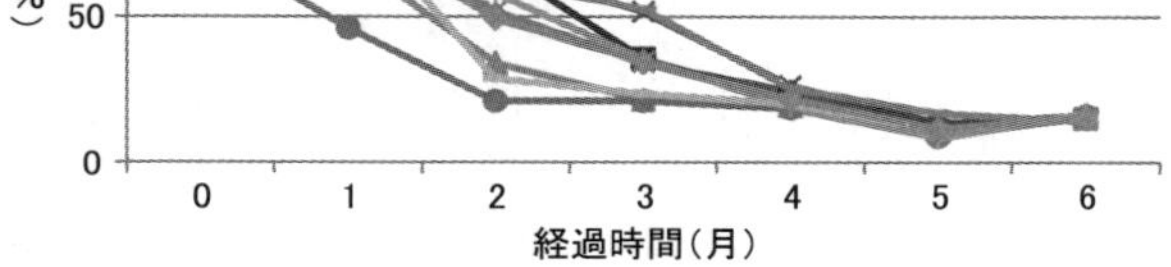

図７　薪割り材（日陰材）の含水率

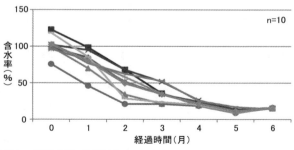

※減率乾燥／表面の含水率が繊維飽和点以下になった時に現れるものと考えられている。減率乾燥の期間は、表面含水率が繊維飽和点からその時の外周条件における平衡含水率に近づくまでの過程（減率乾燥第1段）と、全表面含水率がほぼ平衡含素率に達して内部から移動した水分が蒸発する過程（減率乾燥第2段）に区別される。（「木材の人工乾燥」寺沢真、筒本卓造／（社）日本木材加工技術協会より）

⑵林地乾燥試験

丸太乾燥試験の重量比変化を図8に示します。日当たり材は14カ月後には約63％でしたが、日陰材は90％でほとんど変化がありませんでした。

薪割り材乾燥試験の重量比変化を図9に示します。日当たり材は14カ月後には約65・2％、日陰材は4カ月後にはほとんど変化がありませんでしたが、14カ月後には約76・6％に推移していました。

丸太材の含水率の推移を図10、11に示します。日当たり材の初期平均含水率は、約140％（約240～70％の範囲）でした。平均含水率は4カ月後に119％（標準偏差43％）、14カ月後には約46・4％（標準偏差37％）と50％を下回りました。しかしながら、丸太材の上下入れ替えを行わなかったため乾燥の偏りが大きく、高含水率の丸太材は乾燥が進まなかったと思わ

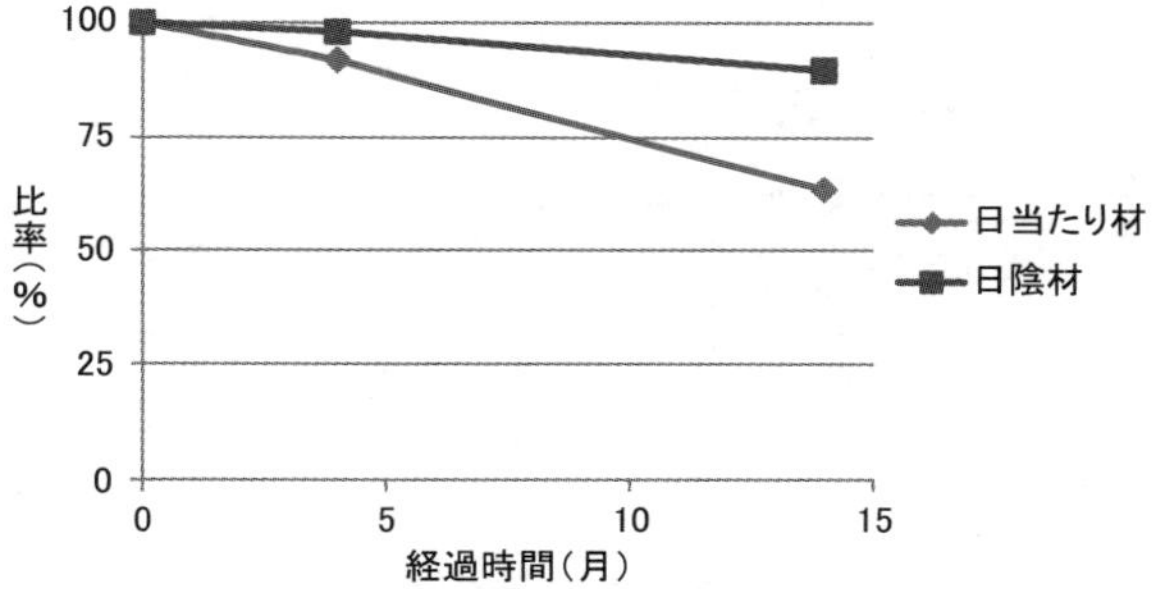

図８　丸太材（林地試験地）の重量比変化

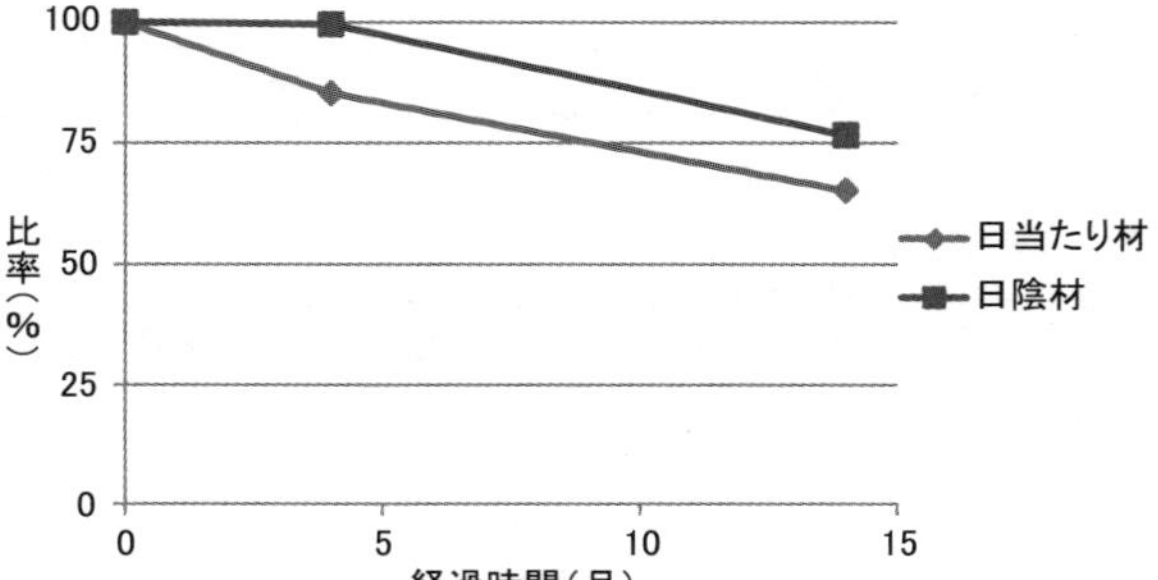

図９　薪割り材（林地試験地）の重量比変化

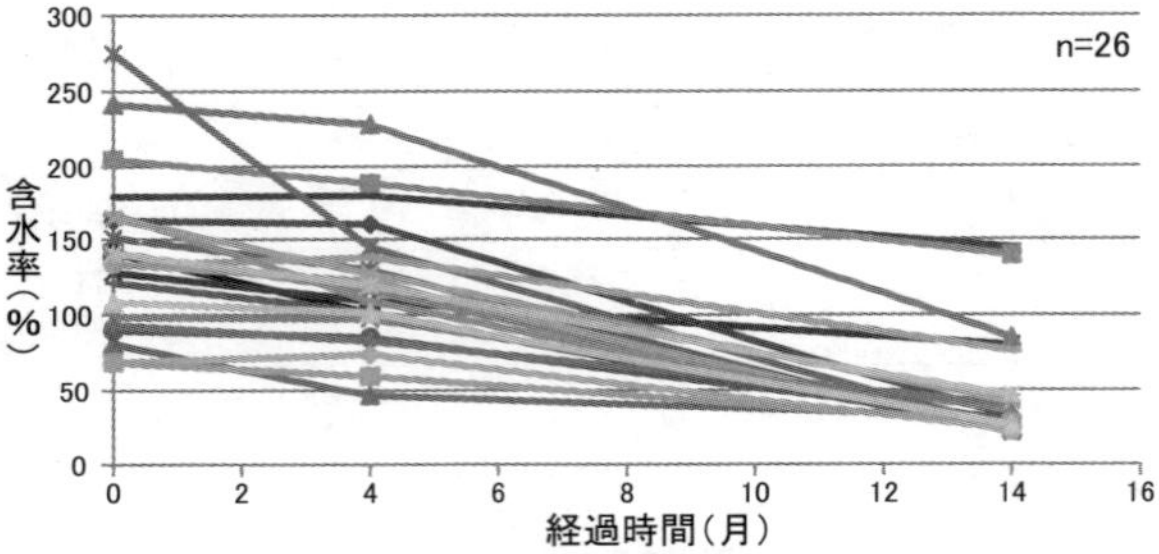

図10　丸太材（林地日当たり材）の含水率

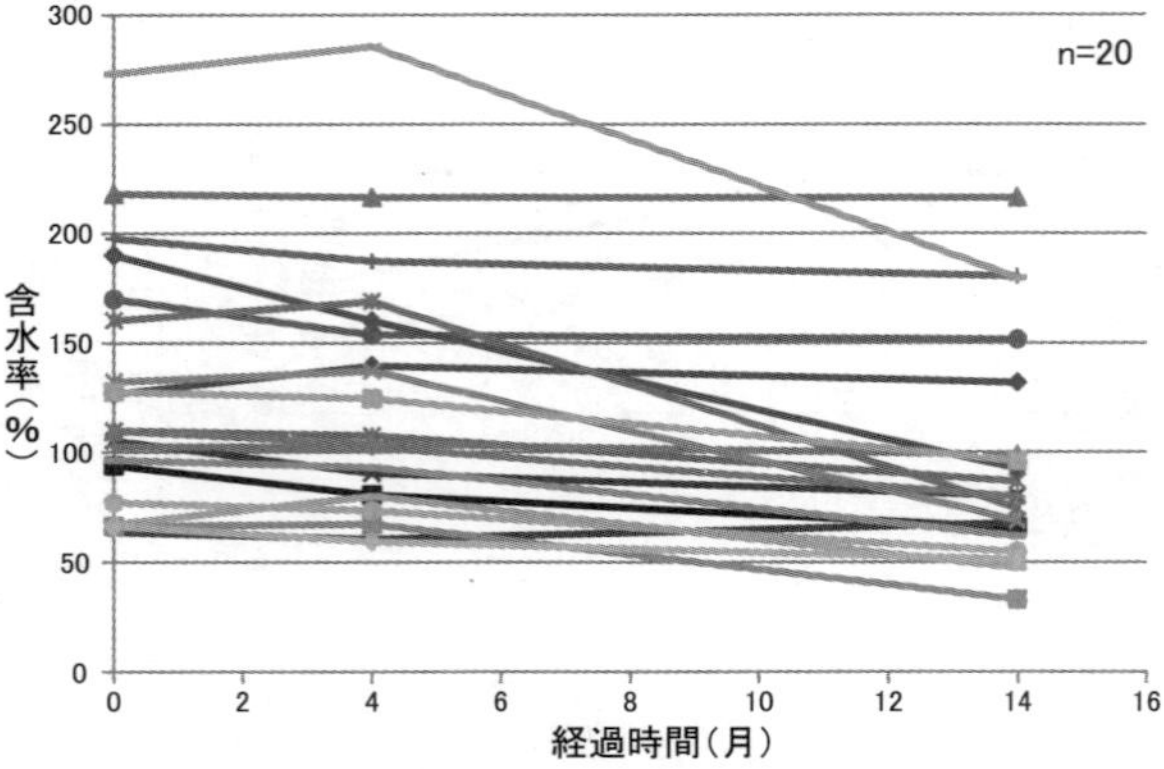

図11　丸太材（林地日陰材）の含水率

れます。丸太材の上下入れ替えは、効果的な乾燥のためには重要な工程と思われます。

日陰材の初期平均含水率は約128％（約273〜64％の範囲）でした。平均含水率は4カ月後に約125％、14カ月後には約95・8％であり、ほとんど乾燥が進まず、日陰地での乾燥は効果的ではないと思われます。

薪割り材の含水率の推移を図12、13に示します。日当たり材の初期平均含水率は、約103％（約140〜67％の範囲）でした。平均含水率は4カ月後に68・8％（標準偏差33％）、14カ月後には約26・1％（標準偏差5・7％）と50％を下回りました。薪割り材では1年以上乾燥期間が必要と思われます。

日陰材の初期平均含水率は約82・2％（約115〜57・2％の範囲）でした。平均含水率は4カ月後に88・1％、14カ月後には約33・8％（標準偏差14％）と50％を下回りました。丸太材ではほとんど乾燥が進みませんでしたが、薪割り材にすることにより乾燥が促進されました。

まとめ

(1)低地試験地での丸太材乾燥は、日当たり材の平均含水率が4カ月後、初期に高含水率のスギ

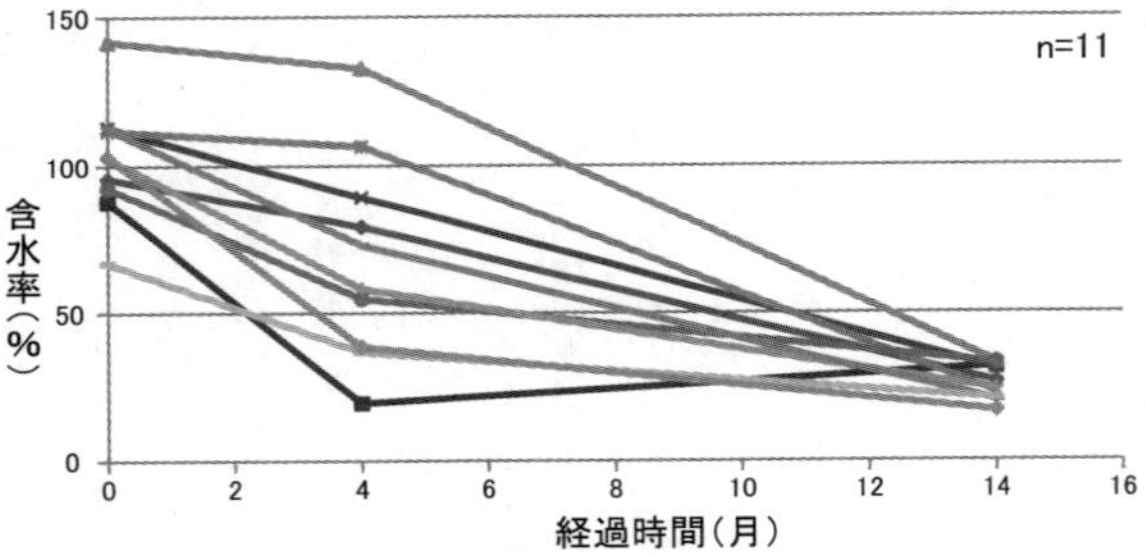

図12　薪割り材（林地日当たり材）の含水率

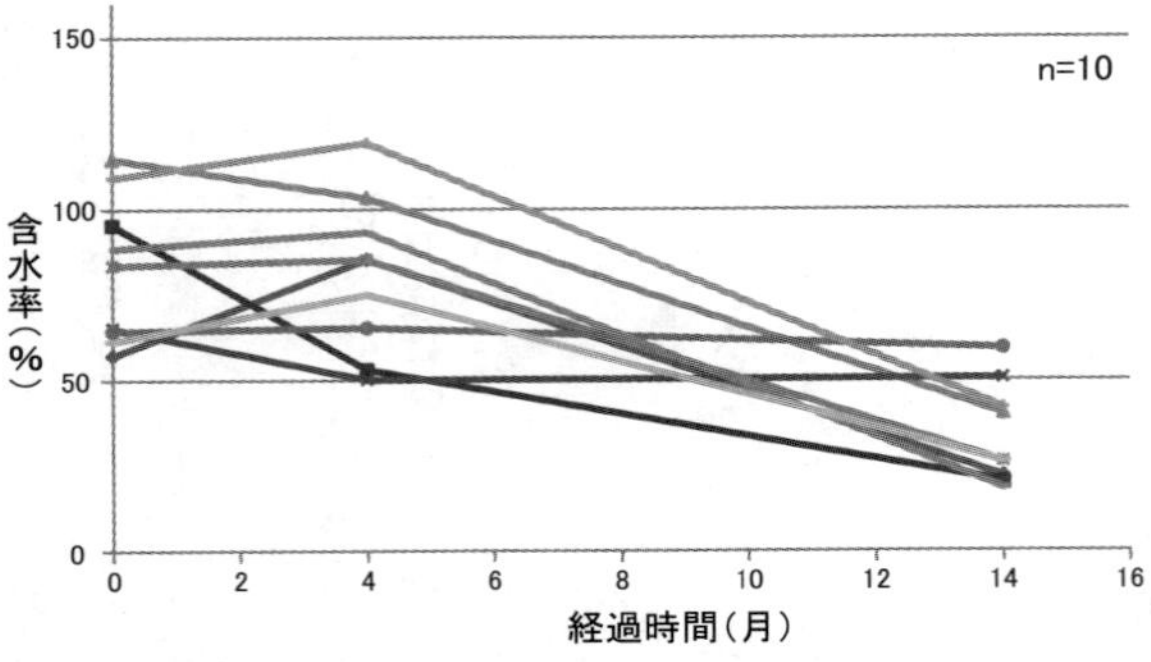

図13　薪割り（林地日陰材）の含水率

材が5カ月後に50％を下回りました。日陰材は平均含水率は5カ月後、初期に高含水率のスギ材は6カ月後に50％を下回りました。

(2)低地試験地での薪割り材乾燥は、日当たり材の平均含水率が2カ月後に50％を下回りました。日陰材の平均含水率は4カ月後に50％を下回りました。

(3)林地試験地での丸太材乾燥は、日当たり材の平均含水率が14カ月後に50％を下回りましたが、日陰材はほとんど乾燥が進みませんでした。

(4)林地試験地での薪割り材乾燥は、日当たり材および日陰材の平均含水率が14カ月後に50％を下回りましたが、日当たり材の方が低含水率になりました。

(5)薪割り材と丸太材の含水率の低下を比較すると薪割り材のほうが大きく、2分割することにより乾燥が促進されました。

(6)乾燥は林地よりも低地が大きく、低地に桟積みする方法が効果的と思われます。

(7)乾燥は日陰地よりも日当たり地が大きく、日当たり地に桟積みする方法が効果的と思われます。

(8)生材は、桟積み内で上下入れ替えることで、乾燥の偏りが軽減されたと思われます。

おわりに

２分割することにより乾燥が促進されましたので、現場で必要とされる分割作業の方法や労力等効率性の検討も行っています（写真４、５）。

含水率と重量、発熱量の関係を表２に示しましたが、含水率が低下すると、重量が低下し発熱量が増加します。このことから林地（山元）や中間土場（山村地域）で含水率を低下させることは、重要な課題です。

バイオマス発電の原料となるＣ・Ｄ材等の含水率を低下させることは、発電所までの輸送コストの低減と発電効率の上昇につながります。短尺材等の効率的な収集や運搬等重要な課題に対応するため、ミニトラッククレーン利用の検討を行っています（写真６、１７０頁）。また、木材取引を現在の「重量ベース」から「エネルギーベース」に変更し、含水率によりスギ材の購入価格を設定することで、森林所有者の所得向上につながると思われます。

バイオマス発電所は発電のみならず、廃熱の有効利用（温室、農産品加工等）を検討し、電気と熱の両方を利用しエネルギー効率を高めることも重要な課題だと思います。

林業界や木材業界、バイオマス発電所等がうまく連携し、木材の好循環が実現すれば、すばらしいことだと思います。

写真４　工場土場での薪割り材の天然乾燥の様子

写真５　重機による薪割り試験。アームの先端に取り付けた十字型薪割り治具（オーダー）による丸太の２分割試験

表2　含水率と重量、低位発熱量の関係（スギ1 m^3当たり）

含水率（WB%）	重量（kg）	低位発熱量（MJ/kg）	低位発熱量（Kcal/kg）
0	350	17.7	4230
30	455	11.3	2700
40	490	9.1	2170
50	525	7	1670
60	560	4.8	1150

注：低位発熱量（MJ／kg）＝高位発熱量（19.0MJ／kg）×（1－WB）－2.44×（8.94×0.0593＋WB） 1 MJ=238.9Kcal

写真6　ミニトラッククレーン積み込み研修。クレーンは、丸善工業（株）

最大吊上げ荷重：ブーム伸時200kg、ブーム縮時300kg
巻き上げ速度：4 m/min
作業半径：ブーム伸時1.5m　ブーム縮時1.0m
最大揚程：トラック荷台より2.0m
原動機：12V直流ウインチモーター
電源：12Vバッテリー

効率的な林地残材集荷システムモデルの提案

北海道水産林務部林務局

「平成21年度林地残材の効率的な集荷システムづくりモデル事業報告書」（北海道）の第3章「効率的な林地残材集荷システムモデルの提案」を許可を得て転載。事業報告書は北海道ホームページに掲載されています（検索：林地残材の効率的な集荷システムづくりモデル事業報告書）。

2年間の事業を通して、伐採現場での集材方法（全木・全幹集材など）による違いから、現地チップ化・工場チップ化の違い、積み込み運搬方法のバリエーションまで様々な作業の実証を行うことができた。これを踏まえて、効率的な林地残材集荷システムモデルを提案する。

ここで提示したモデルは、北海道におけるスタンダードシステムを示すには至っておらず、本事業で実施した事例をベースにして、林業機械や作業の組み合わせをモデル的に示し、生産性の実証例と効率化のポイントを示すことで、林業や木質バイオマスの活用に携わる事業者の方々が実際に林地残材の活用に取り組む際の参考にしていただくことを想定して作成したものである。

構成としては、最初に「基本システム」として、現地チップ化システムと工場チップ化システムの長所、短所を解説している。次にそれぞれのシステムについて、集材方法別に林業機械の組み合わせの作業モデルと効率化のポイント、コストおよび生産性の実証参考値を示し、併せて、本事業で実証した様々なバリエーションも記載した。

林地残材の集荷作業は、現場によって森林の立地条件や投入可能な林業機械が異なり、このとおり作業を実施すれば必ず効率的に実施できるという性格のものではないことから、ここに示すシステムを基本に、実際の現場や事業体の条件に応じて、各事業主体が効率的な方法を検討・選択できるようフロー図を記載した。

林地残材（林地末利用材）の集荷作業システムの提案

林地残材の集荷作業は、現場によって森林の立地条件や投入可能な林業機械が異なることから、このとおり作業を実施すれば必ず効率的に実施できるという性格のものではありませんが、ここ次頁図に示すシステムを基本に、実際の現場や事業体の条件に応じて、効率的な方法を選択しましょう。

基本システム

林地残材の利用に際しては、多くの場合、チップ化して利用することから、チップ化作業をどこで行うかによって、基本システムを考えてみます。

工場チップ化システム

現地で生じた林地残材をそのまま、もしくは圧縮して工場に運んだのちチップ化するシステム

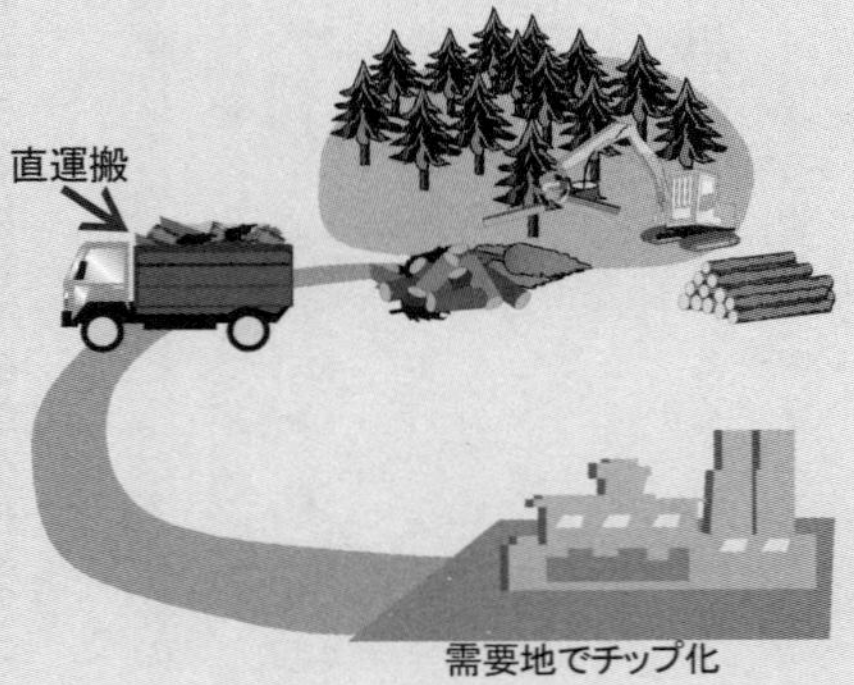

①工場で破砕するため、チッパー機の重機運搬費がかからない
②天候や現地の作業条件(土場スペースなど)に左右されない
③端材の割合が高い場合、または需要地まで近距離の場合に有利
④固定式チッパーを使用する場合は一般的にランニングコストは安い

①現地で破砕しないため、枝条など容積密度の小さい残材は運搬効率が悪い
②端材の長さが短い場合(短尺材)は、運搬車への積込み効率が悪い
③ストックヤードの広さや破砕機を所有しているかどうかなど工場の受入れ体勢に左右されやすい

現地チップ化システム

概要

現地（山土場や作業道上など）でチップ化してから加工地・需要地（＝工場）に運ぶシステム

長所

①現地で破砕して運ぶため、枝条などのかさばる部位を、容積を小さくした状態で効率的に運搬できる
②林地残材が多量にある場合、または需要地まで遠距離の場合に有利

短所

①チッパー機の重機運搬費がかかる
②大型のチッパー機には向かない
③小型～中型のチッパー機であっても、現地までの道路条件（林道幅員や曲線半径、傾斜など）によっては搬入できない
④天候や現地の作業条件（土場スペースなど）に左右されやすい

注意

各システムの作業モデルと実証例・効率化のポイントを次ページからご紹介します。

各システムのコストと生産性実証参考値を掲載しておりますが、**これらの数値は、本事業で実施した一つの事例であり、標準的なコストや生産性、機械の性能を示したものではありません。**

また、コストは生産性を元に人件費や燃料費、減価償却費等を一定の仮定で試算した値であり、**あくまで参考値として掲載しておりますので、ご注意ください。**

試算条件についての詳細は、事業報告書本編をご覧下さい。

現地チップ化システムの作業モデル・実証例と効率化のポイント

1　全木集材方式

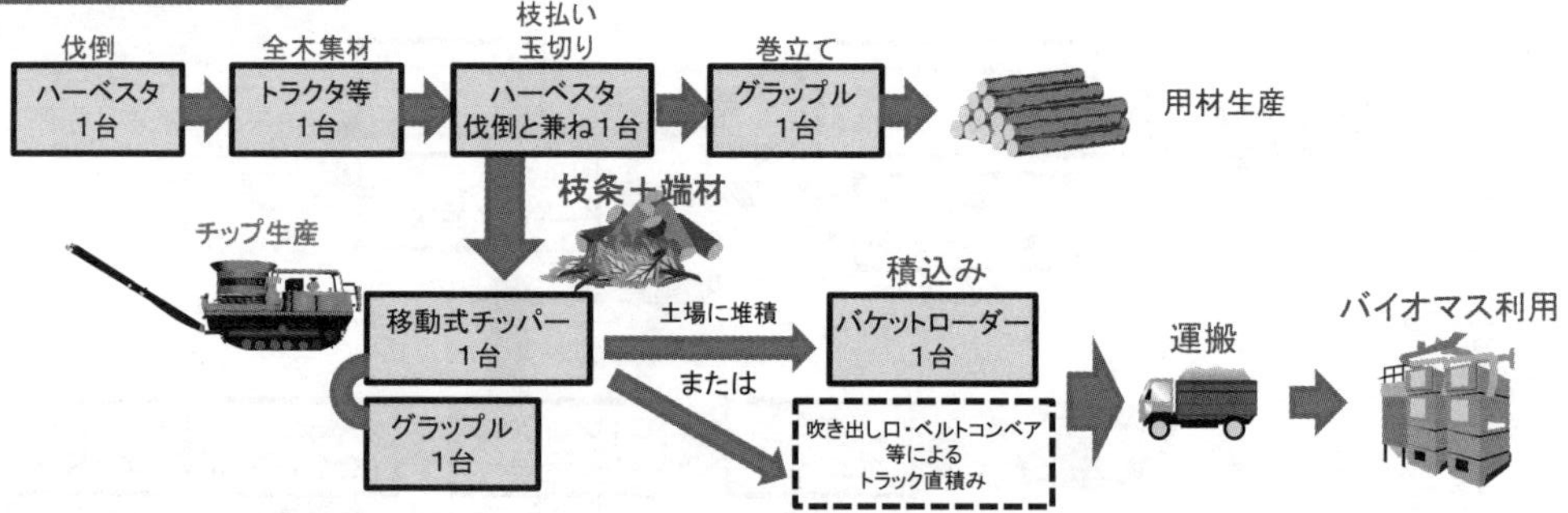

■特徴と効率化のポイント

○　全木集材の利点を活かし、土場で発生する枝条や端材を大量に収集チップ化
○　樹種によって枝条の量が大きく異なることに注意（カラマツは少なく、トドマツ・アカエゾマツは相対的に多い）

■コスト及び生産性
実証参考値

	チップ化	備考
コスト及び生産性	3,400円/t　14.5t/h	ササ混入残材を含む平均値
計算条件	移動式チッパー機(出力228kw)	カラマツ主伐　面積　4.60ha チップかさ密度　0.24t/m3

2　全幹集材方式

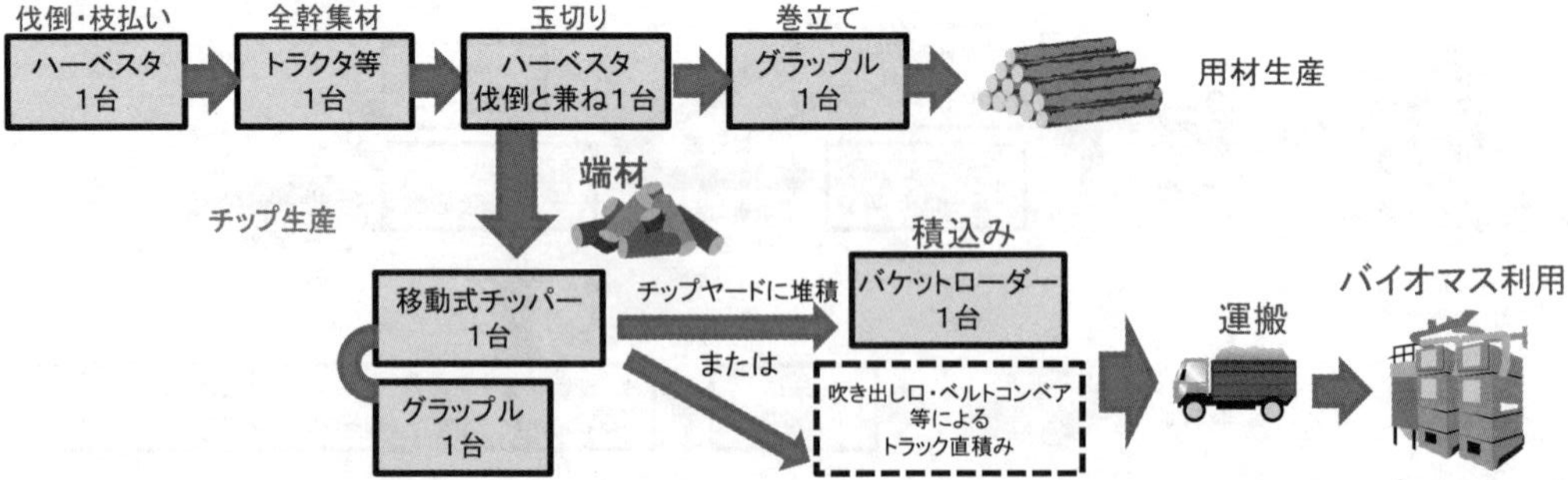
伐倒・枝払い
ハーベスタ
1台
全幹集材
トラクタ等
1台
玉切り
ハーベスタ
伐倒と兼ね1台
巻立て
グラップル
1台
用材生産
端材
チップ生産
移動式チッパー
1台
グラップル
1台
チップヤードに堆積
または
積込み
バケットローダー
1台
吹き出し口・ベルトコンベア
等による
トラック直積み
運搬
バイオマス利用

■特徴と効率化のポイント

○　全幹集材の利点を活かし、土場に集まる端材(=樹皮の割合が小さい)のみをチップ化
○　端材の形状が不定で短尺材が多いなど積荷に時間がかかる場合に推奨
　※端材の形状がパルプ材に近い場合（長めで方向が揃っている）は工場チップ化方式が効率的となるので注意が必要
○　積み込み方法の選択がポイント！

①チップヤード方式（チッパーを連続運転させチップをヤードにため込む方式）
　→チッパーの休み時間が少なくなる利点はあるが、ヤードからトラックに移す重機（バケット等）が必要
②直積み方式（チッパーから直接トラックにチップを投入する方法）
　→バケット等の重機は不要だが、トラックの台数が少ないとチッパー機が遊ぶことになり不効率。
　スペースをとらず、チップに土砂が混ざりにくい利点も。
※　チップヤード方式が有利なケースが多いと考えられます（特に運搬距離が長い場合・破砕量が多い場合）が、トラックの台数、運搬距離、破砕量を勘案して最も効率的な方法をシミュレーションしてみるのも良いでしょう。

■コスト及び生産性実証参考値　※集中土場（次ページ参照）での実証

	チップ化	運搬	備考
コスト及び生産性	8,700円/t　36.6t/日 (4.94t/h)	1,800～2,900円/t(5～3往復)	鉄板ヤード設置＋バケットローダー
	9,200円/t　48.8t/日 (4.94t/h)	2,200～2,900円/t(4～3往復)	ベルトコンベア方式直積み
計算条件	移動式チッパー機(出力115kw)	11tチップ専用運搬車2台、片道50km 最大往復数はシミュレーションによる	カラマツ主伐　面積 7.22ha チップかさ密度 0.26t/m3

Variation・バリエーション

林地残材を造林地拵えと一体的に収集する

用材生産・バイオマス利用・地拵え植栽を一体化させた皆伐現場限定のシステム
植栽前に伐採跡地の枝条・ササ類を集め、土場残材とともにチップ化

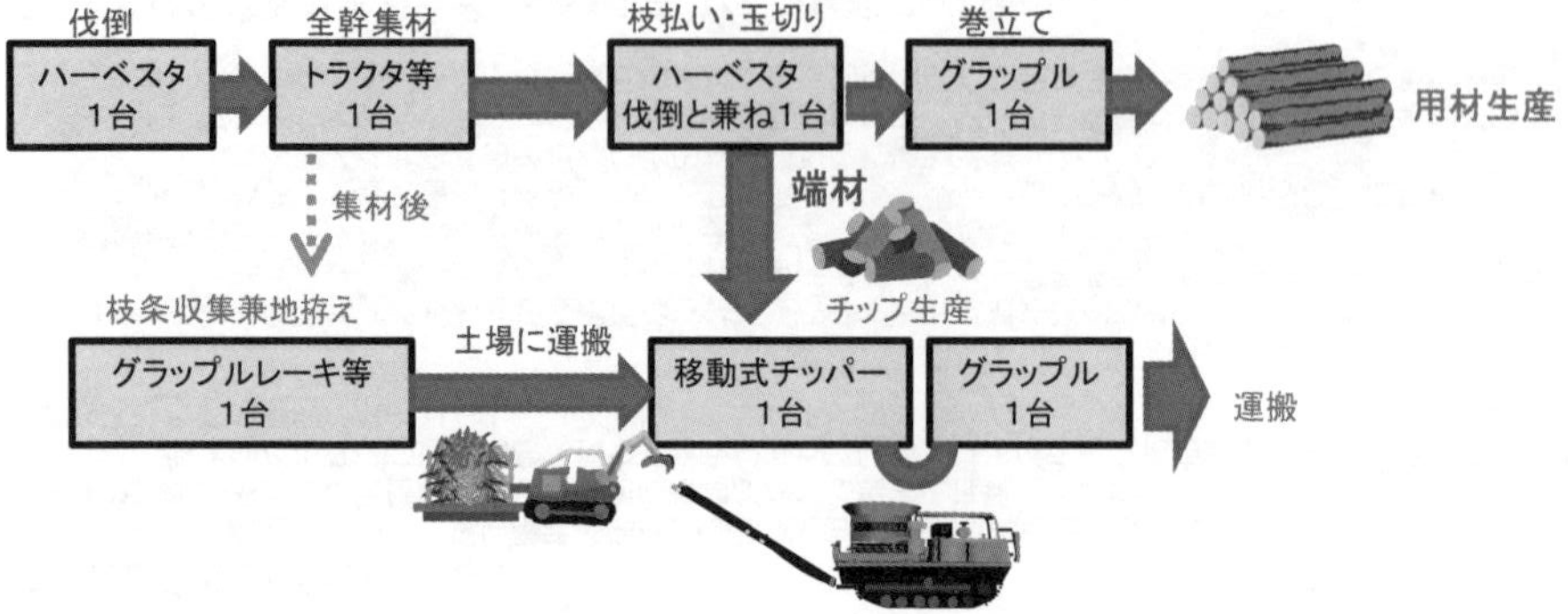

■特徴と効率化のポイント

○　燃料用のチップが大量に生産可能→ただし樹皮やササ、土砂の混入割合は高いので需要先の条件を良く確認することが必要
○　土場までの枝条・ササ運搬は土そりやキャリアダンプの利用により効率アップ
○　枝条・ササ類を集めておくことで後の地拵え費用が低減し、ネズミの食害を減らす効果も期待

～集材方法について～

林地残材を集荷するためには、土場に残材を集める必要があることから、全木集材又は全幹集材の作業モデルを示していますが、「北海道高性能林業機械化基本方針（H21年改定版）」では、効率的な用材生産を行いうるハーベスタ＋フォワーダによる短幹集材を推奨しています。

上記のように集材後に改めて残材を集める場合は、短幹集材を前提としたシステムも可能でしょう。

■コスト及び生産性実証参考値

	枝条収集	チップ化	備考
コスト及び生産性	1,800円/t　12.8t/h	2,900円/t　14.5t/h	ha当たり収集量　170t
計算条件	グラップルレーキ＋土ソリ使用	移動式チッパー機(出力228kw)	カラマツ主伐　面積　4.60ha チップかさ密度:0.24t/m3

Variation・バリエーション

集中土場でチップ化する

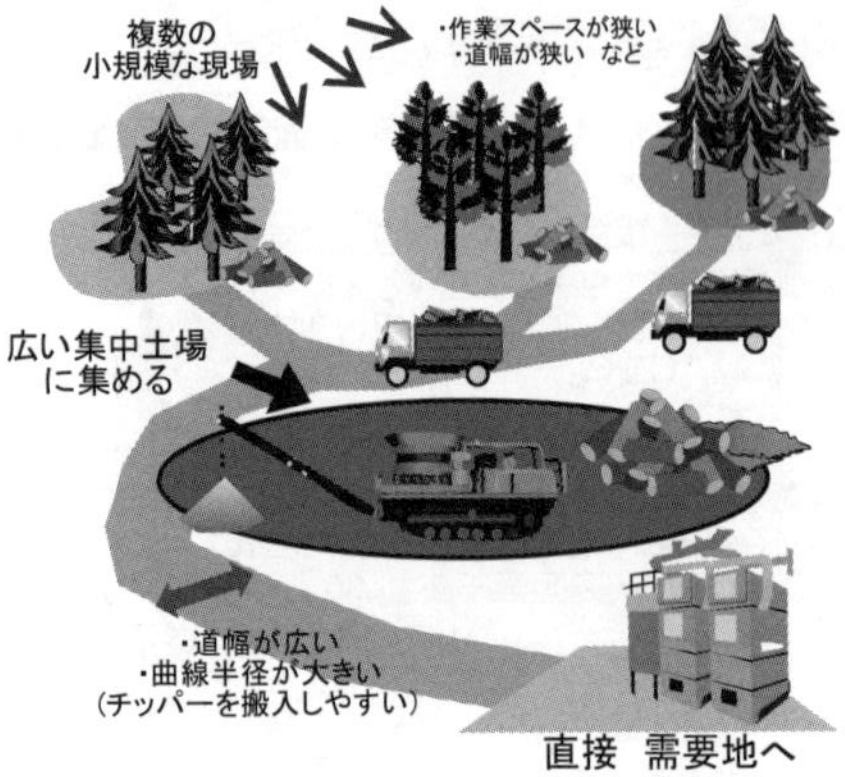

小規模な土場が複数あり、チッパー機が搬入できない場合や一つ一つの現場の残材量が少ない場合等にキャリアダンプやトラックで残材を一カ所の大きな土場に集めてチップ化する方法

■特徴と効率化のポイント

○　残材を一カ所の土場に集めてチップ化することで、チッパーの稼働時間を長くすることが可能

○　各土場に十分な広さがある場合は、チッパーが移動した方が効率的となる場合があるので注意

※コスト及び生産性実証参考値は、前ページをご覧下さい。
（前ページの事例では、集中土場に集める経費が約10万円かかっています）

工場チップ化システムの作業モデル・実証例と効率化のポイント

全幹集材方式

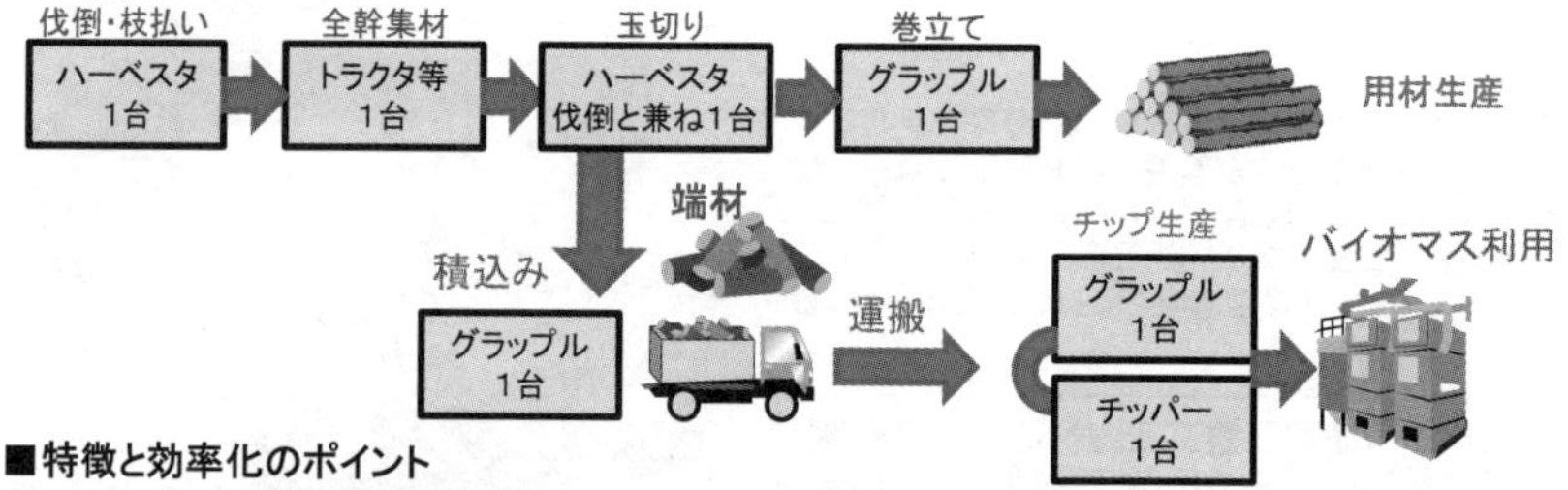

■特徴と効率化のポイント

○　土場に集まる端材を需要地近くに運搬してからチップ化

○　伐採量の少ない間伐では量が集まらない可能性があるので注意が必要

○　積み込み効率をいかに上げるかがポイント
→端材の形状がパルプ材に近い（長めで方向が揃っている）と積み込みしやすく効率的

■コスト及び生産性実証参考値

	積込み・運搬	チップ化	備考
コスト及び生産性	1,600円/t 積込み生産性32.3t/h	工場にある固定式チッパーを用いることにより比較的低コストに生産可能	
計算条件	片道50km　11tチップ専用運搬車2台使用		カラマツ主伐7.22ha チップかさ密度0.26t/m3

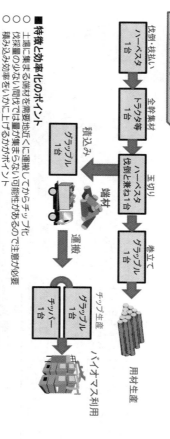

Variation・バリエーション

コンテナを活用した残材の運搬

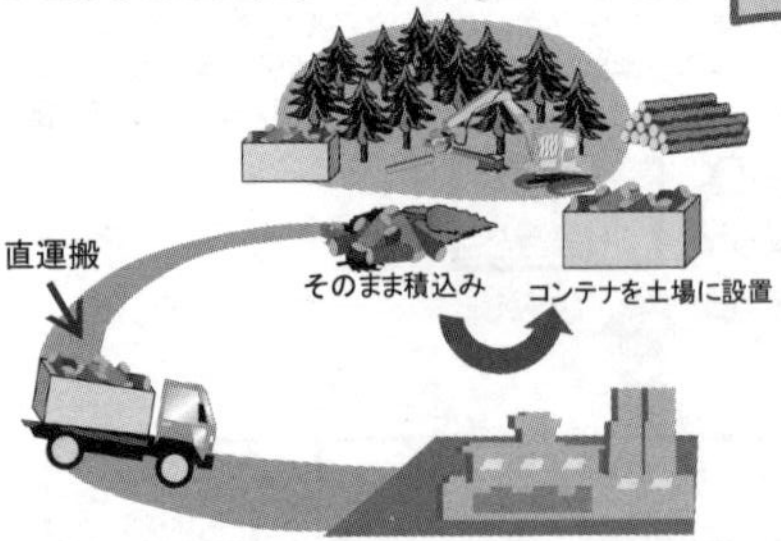

土場ごとに脱着式のコンテナを設置し、残材を随時投入する。
満杯になった段階で工場に運搬しチップ化する方法

■コンテナ方式の特徴と効率化のポイント

○　重機の空き時間を使って残材をコンテナに投入できること、トラック本体の待機時間がほとんどないことから集荷運搬効率のアップを期待

○　一方で脱着式コンテナ車は高価であり、リースではかえってコスト高となることから、稼働率を上げるための事業量確保が課題

Variation・バリエーション

長材で搬出→里土場で採材し、端材をチップ化

現地で玉切りせず、工場もしくは工場に近い場所に設けた“里土場”で玉切りし、そのまま残材を工場で使用する

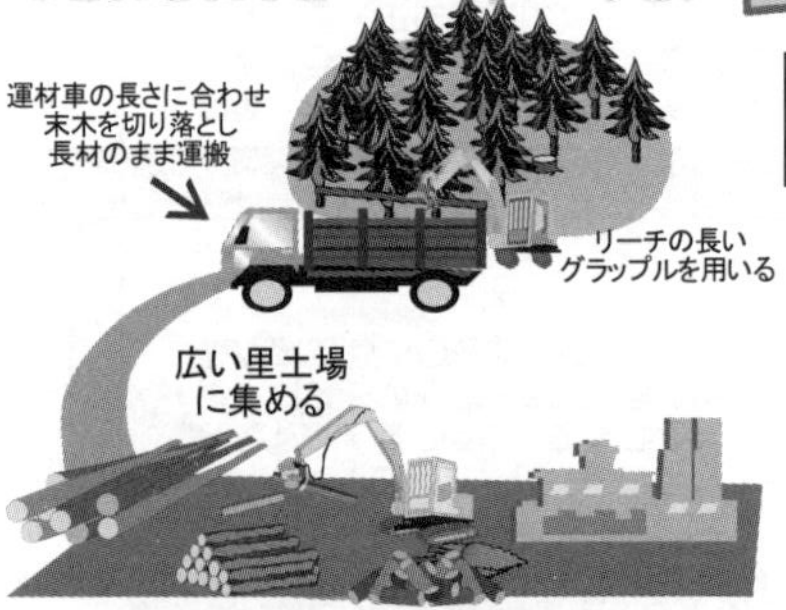

需要地で採材のち残材を工場内でチップ化

■特徴と効率化のポイント

○　用材と一緒に(切り離されずに）残材を運べるため、残材利用の面から見ると非常に効率的。
※一方で、末木を山で落とすことから、採材時に長さが足りない、もしくは余るという短所があり、パルプ率は通常より高くなる傾向

○　確実に用材に利用できる部分は、用途に合わせて山土場で造材し、残りを長材で運搬するなどの工夫も必要

■コスト及び生産性 実証参考値

	積込み・運搬(参考)	チップ化	備考
コスト及び生産性	1,900円/m3　32m3/1台（長材運搬）	7,000円/t　8.7t/h(実測)	
計算条件	片道17km　11t運材車3台2往復	移動式チッパー機(出力260kw)	カラマツ間伐8.7ha チップかさ密度0.3t/m3

林地残材集荷作業システムの選択のためのフロー

林地残材を効率的に集荷して利用するためには、バイオマス利用者のニーズ及び森林の現況や伐採・集荷作業を担当する事業体の状況などを細かく把握し、これまでに示した作業モデルを基本に各々の状況に適した林地残材の集荷システムを検討・選択する必要があります。林地残材集荷の事業化を計画する際の参考となるよう、システムの検討・選択のためのフローを整理してみました。

1　需要先の条件を確認する

・バイオマスの形態（チップ、原木）
・品質（チップ形状、含水率、葉や土砂の混入など）
・納入条件（量、時期、頻度など）
※　コストや作業体制等の面から、需要先の条件に応えられない場合もあるでしょう。供給側が可能なことと需要側が求めるものを明確にし、お互いがどこまで歩み寄れるか協議を重ねて合意を図ります。

2　森林の現況と施業方法を確認する

・樹種（トドマツ、カラマツ、その他）
※カラマツは、集材中に枝が落ちやすいことから、枝の収集量は少なくなる傾向にあります。
・伐採方法（主伐、間伐）
※一般的に、間伐では、haあたりの伐採量が少なく、林地残材の集荷量も主伐に比べて少なくなります。
（林地残材集荷量：主伐＝40t～80t/ha、間伐＝1t～20t/ha）

3　伐採現場の作業条件を確認する

・路網（通行可能なトラックの大きさ、チッパー機がどこまで搬入可能かなど）
・土場（残材の堆積場所、チッピング作業の場所の確保など）
・作業システム（投入可能な機械の種類と台数、チッパー機の性能）

4　基本システムを決定する

・樹種、伐採方法、集材方法、需要先の条件（用途）等を考慮し、集荷対象を決め、それに応じて基本システムを選択します。基本システムの決定プロセスの一つの例示として、下表のようなパターンが考えられます。

考慮すべき条件（例）				基本システム	集荷対象
樹種	伐採方法	集材方法	需要先の条件		
カラマツ	間伐	全幹	原木	工場チップ化	端材（追上げ材等）のみ
その他	主伐	全木	チップ	現地チップ化	端材＋枝条

※例えば、カラマツ間伐、全幹集材、原木納入という条件であれば、枝条を集めるのは不効率ですから、土場で発生する端材のみを集荷対象とし、工場チップ化システムを基本とします。

5　システムの詳細設計を検討する

・基本システムを決めたら、システムの詳細設計を検討します。特に検討が必要な項目は次のとおりです。

検討項目	検討内容
林地残材収集量の見積もり	林地残材収集量は、各現場で異なりますが、他の収集事例を参考にして、おおよその検討をつけます。 ※他の収集事例については、事業報告書本編を参照ください
林地残材集積場所	土場での残材の集積場所を決めます。現地でチップ化する場合には、チッピング作業の場所も考える必要があります。
作業日数・時間	残材の集荷量と作業効率から作業日数・時間の見当を付け、機材や作業員を確保します。
積載・運搬方法	現地チップ化システムの場合は、それぞれのメリット・デメリットを勘案し、直積み方法かヤード方式を選択します。 工場チップ化システムの場合も、メリット・デメリットを勘案し、コンテナ方式かダンプ運搬かを選択します。

林地残材を効率的に集めてバイオマスに！

本書の著者

酒井 秀夫
東京大学大学院教授

BスタイルＰＪ研究グループ
田内 裕之（森と里の研究所、元森林総合研究所）
鈴木 保志（高知大学）
北原 文章（森林総合研究所）

吉田 智佳史
森林総合研究所林業工学
研究領域収穫システム研究室

岩井 俊晴
保木 国泰
株式会社北海道熱供給公社
生産部中央エネルギーセンター

島根県雲南市産業振興部農林振興課

三宅 学
愛知県豊田市森林課主査

丹羽 健司
ＮＰＯ法人地域再生機構、木の駅アドバイザー

岡山県農林水産部林政課

廣瀬 可恵
岩澤 勝巳
千葉県農林総合研究センター森林研究所

岩崎 新二
宮崎県木材利用技術センター

北海道水産林務部林務局

林業改良普及双書 No.181

林地残材を集めるしくみ

2016年2月25日　初版発行

著　者 —— 酒井秀夫／田内裕之／鈴木保志／北原文章
吉田智佳史／岩井俊晴／保木国泰
島根県雲南市産業振興部農林振興課
三宅 学／丹羽健司／岡山県農林水産部林政課
廣瀬可恵／岩澤勝巳／岩崎新二
北海道水産林務部林務局

発行者 —— 渡辺政一

発行所 —— 全国林業改良普及協会
〒107-0052 東京都港区赤坂1-9-13 三会堂ビル
電 話　03-3583-8461
FAX　03-3583-8465
注文FAX　03-3584-9126
H P　http://www. ringyou. or. jp/

装　幀 —— 野沢清子（株式会社エス・アンド・ピー）

印刷・製本 —（株）丸井工文社

2016 Printed in Japan
ISBN978-4-88138-331-5